Dieses Notizbuch gehört

_____

MO

DATUM:

DI

DATUM:

MI

DATUM:

DO

DATUM:

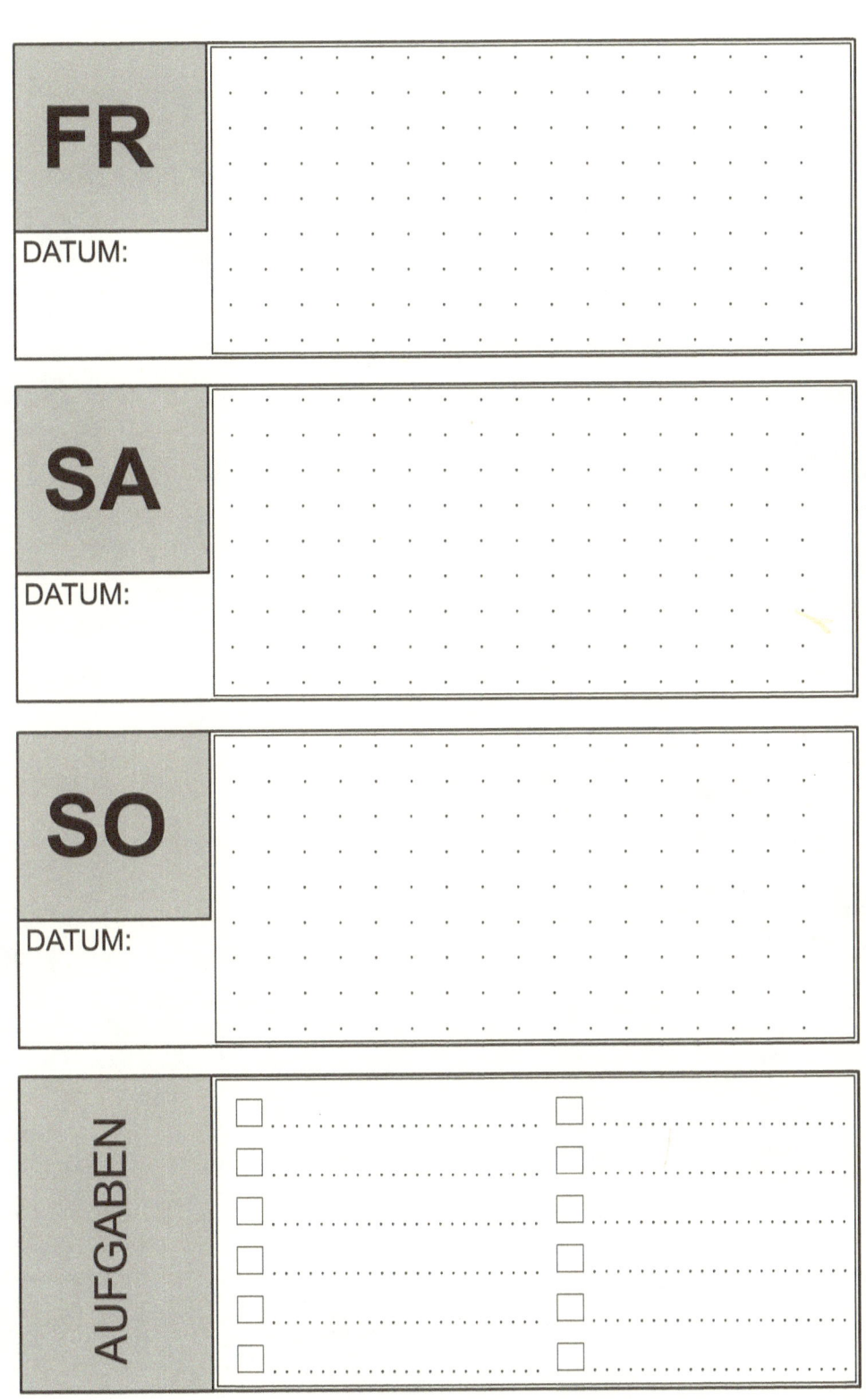

FR

DATUM:

SA

DATUM:

SO

DATUM:

AUFGABEN

- [ ] ....
- [ ] ....
- [ ] ....
- [ ] ....
- [ ] ....
- [ ] ....
- [ ] ....
- [ ] ....
- [ ] ....
- [ ] ....
- [ ] ....
- [ ] ....

MO

DATUM:

DI

DATUM:

MI

DATUM:

DO

DATUM:

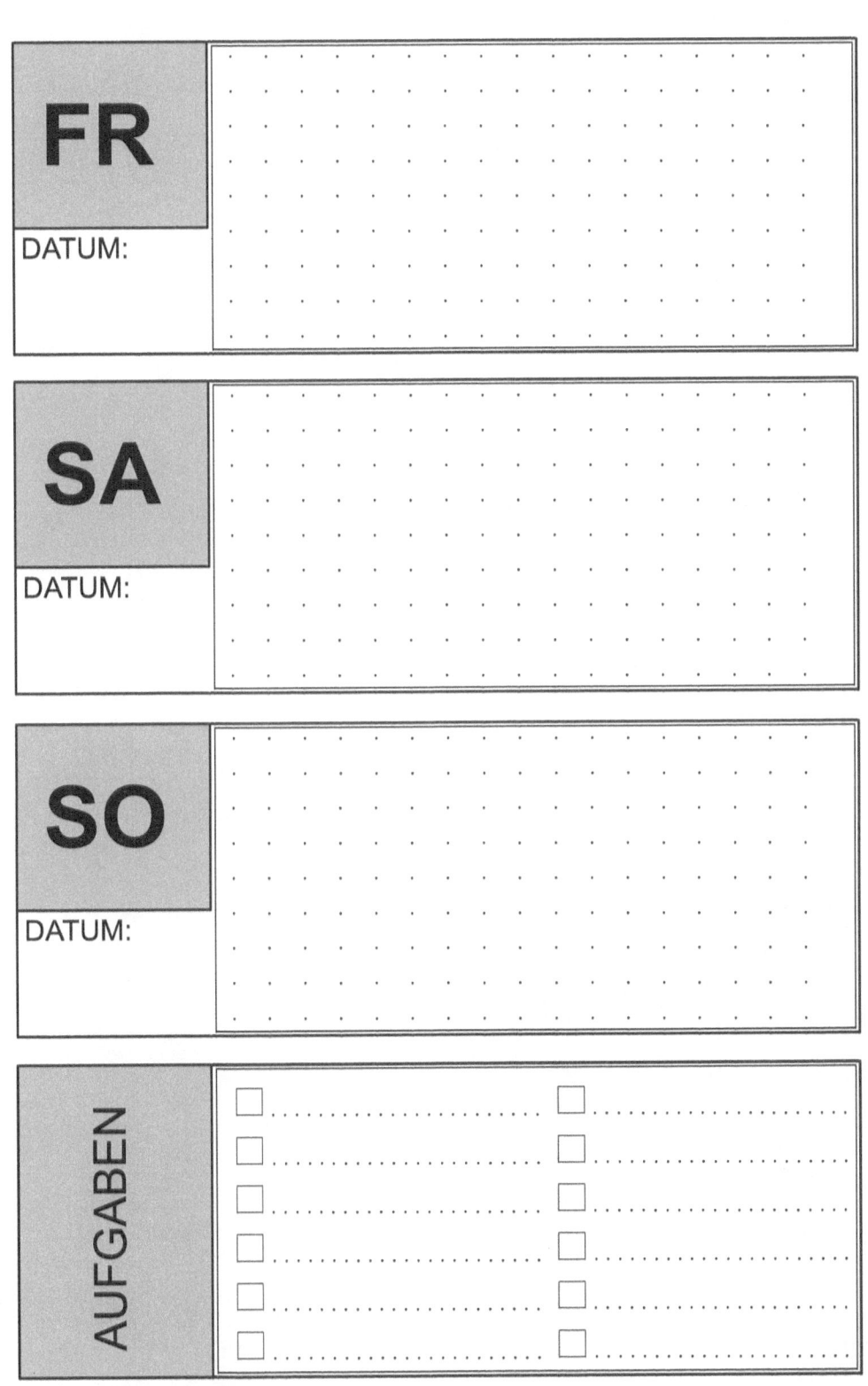

FR

DATUM:

SA

DATUM:

SO

DATUM:

AUFGABEN

MO

DATUM:

DI

DATUM:

MI

DATUM:

DO

DATUM:

FR

DATUM:

SA

DATUM:

SO

DATUM:

AUFGABEN

MO

DATUM:

DI

DATUM:

MI

DATUM:

DO

DATUM:

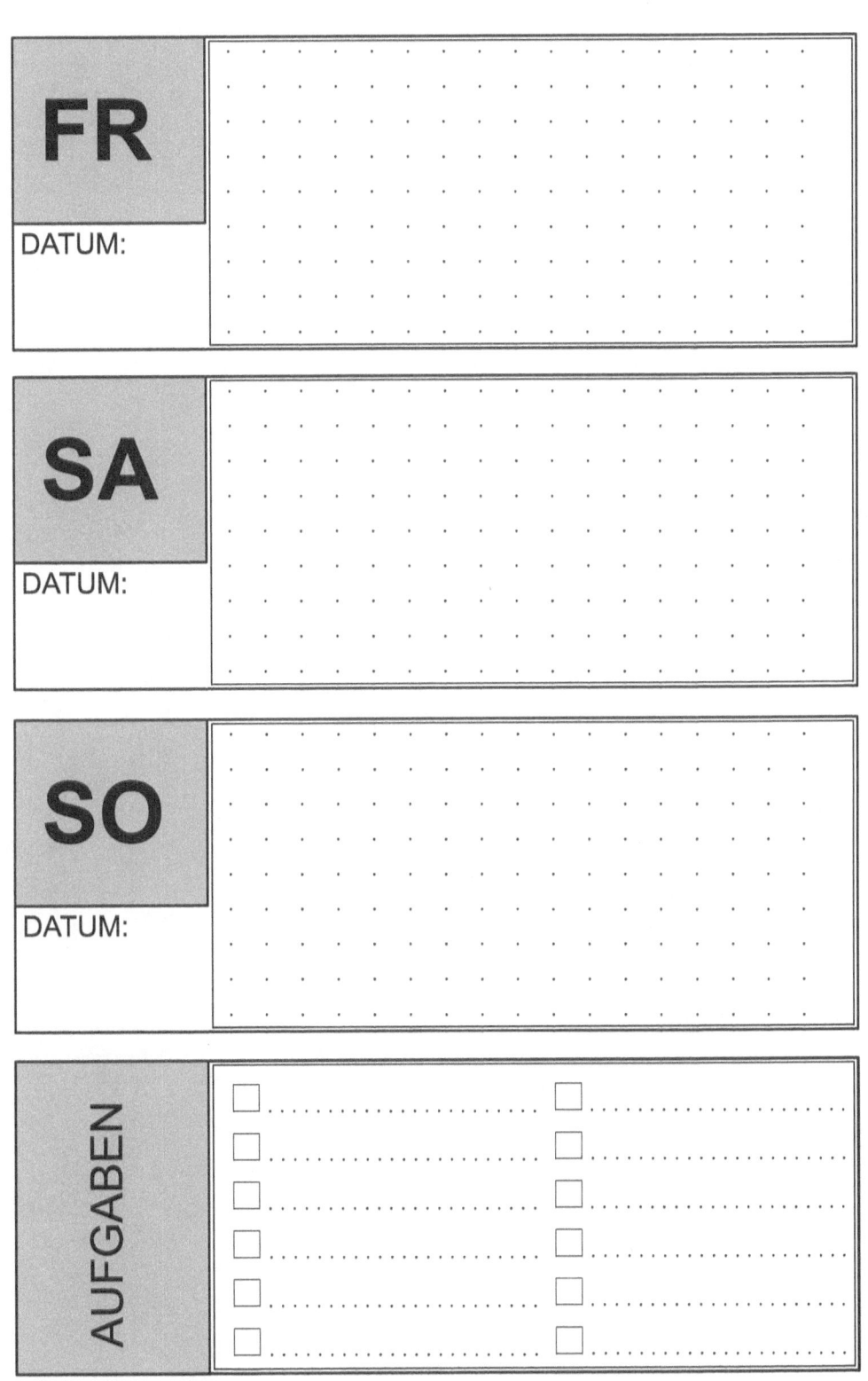

FR

DATUM:

SA

DATUM:

SO

DATUM:

AUFGABEN

MO

DATUM:

DI

DATUM:

MI

DATUM:

DO

DATUM:

FR

DATUM:

SA

DATUM:

SO

DATUM:

AUFGABEN

- [ ] ....
- [ ] ....
- [ ] ....
- [ ] ....
- [ ] ....
- [ ] ....
- [ ] ....
- [ ] ....
- [ ] ....
- [ ] ....
- [ ] ....
- [ ] ....

MO

DATUM:

DI

DATUM:

MI

DATUM:

DO

DATUM:

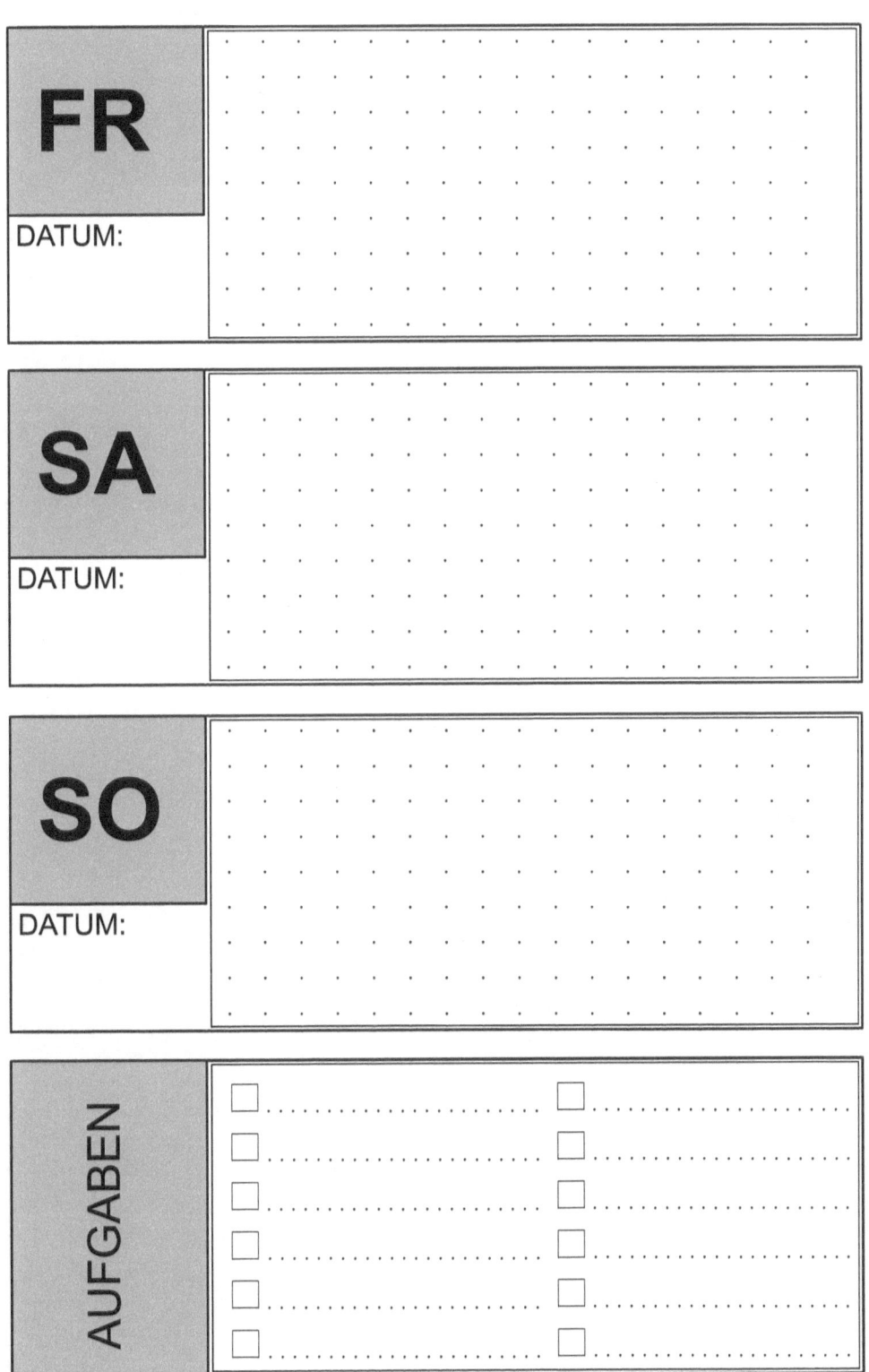

FR

DATUM:

SA

DATUM:

SO

DATUM:

AUFGABEN

MO

DATUM:

DI

DATUM:

MI

DATUM:

DO

DATUM:

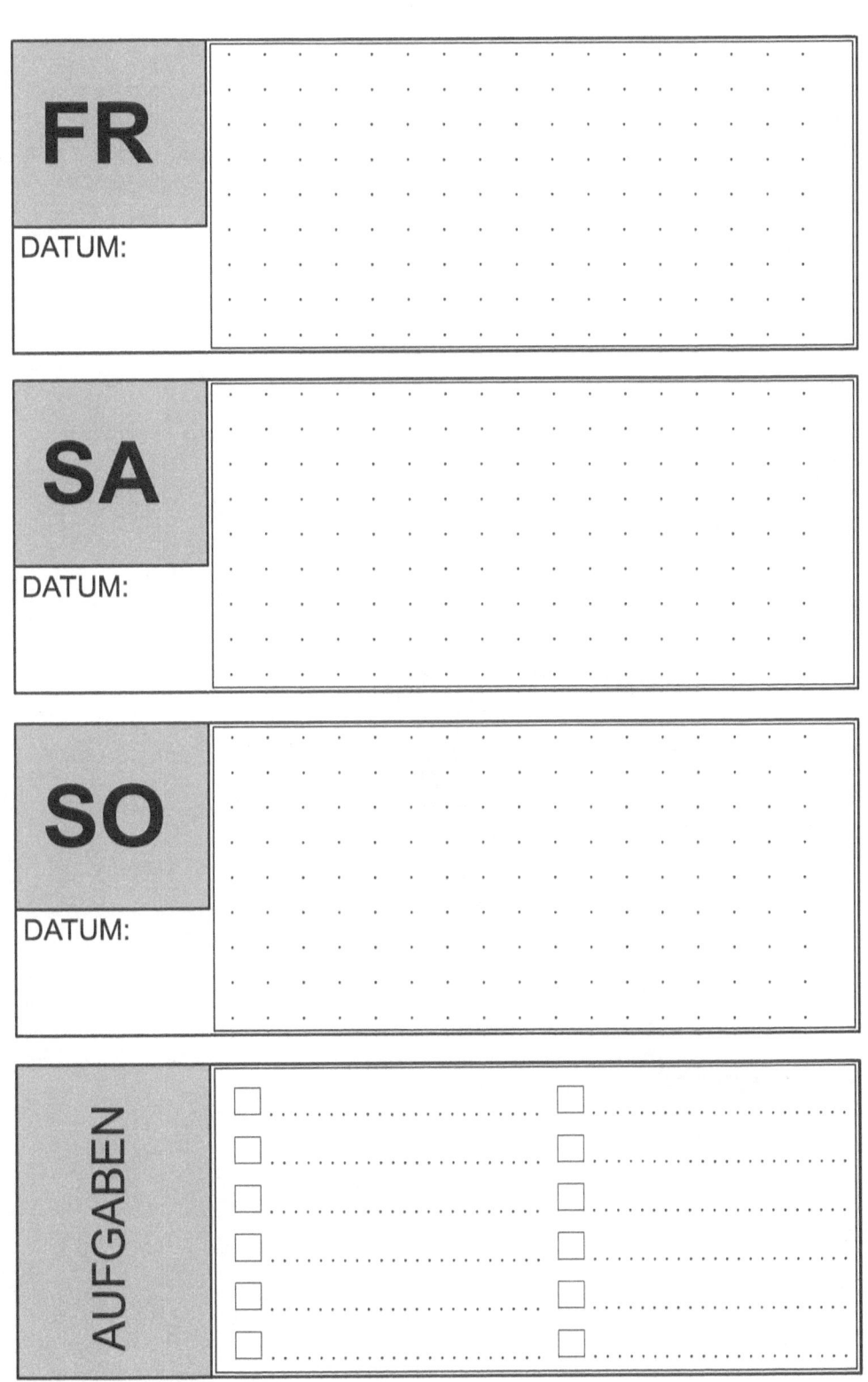

FR

DATUM:

SA

DATUM:

SO

DATUM:

AUFGABEN

MO

DATUM:

DI

DATUM:

MI

DATUM:

DO

DATUM:

FR

DATUM:

SA

DATUM:

SO

DATUM:

AUFGABEN

- [ ] ....
- [ ] ....
- [ ] ....
- [ ] ....
- [ ] ....
- [ ] ....
- [ ] ....
- [ ] ....
- [ ] ....
- [ ] ....
- [ ] ....
- [ ] ....

MO

DATUM:

DI

DATUM:

MI

DATUM:

DO

DATUM:

FR

DATUM:

SA

DATUM:

SO

DATUM:

AUFGABEN

- [ ] ....
- [ ] ....
- [ ] ....
- [ ] ....
- [ ] ....
- [ ] ....
- [ ] ....
- [ ] ....
- [ ] ....
- [ ] ....
- [ ] ....
- [ ] ....

MO

DATUM:

DI

DATUM:

MI

DATUM:

DO

DATUM:

FR

DATUM:

SA

DATUM:

SO

DATUM:

AUFGABEN

- [ ] ....
- [ ] ....
- [ ] ....
- [ ] ....
- [ ] ....
- [ ] ....
- [ ] ....
- [ ] ....
- [ ] ....
- [ ] ....
- [ ] ....
- [ ] ....

MO

DATUM:

DI

DATUM:

MI

DATUM:

DO

DATUM:

FR

DATUM:

SA

DATUM:

SO

DATUM:

AUFGABEN

- [ ] ....
- [ ] ....
- [ ] ....
- [ ] ....
- [ ] ....
- [ ] ....
- [ ] ....
- [ ] ....
- [ ] ....
- [ ] ....
- [ ] ....
- [ ] ....

MO

DATUM:

DI

DATUM:

MI

DATUM:

DO

DATUM:

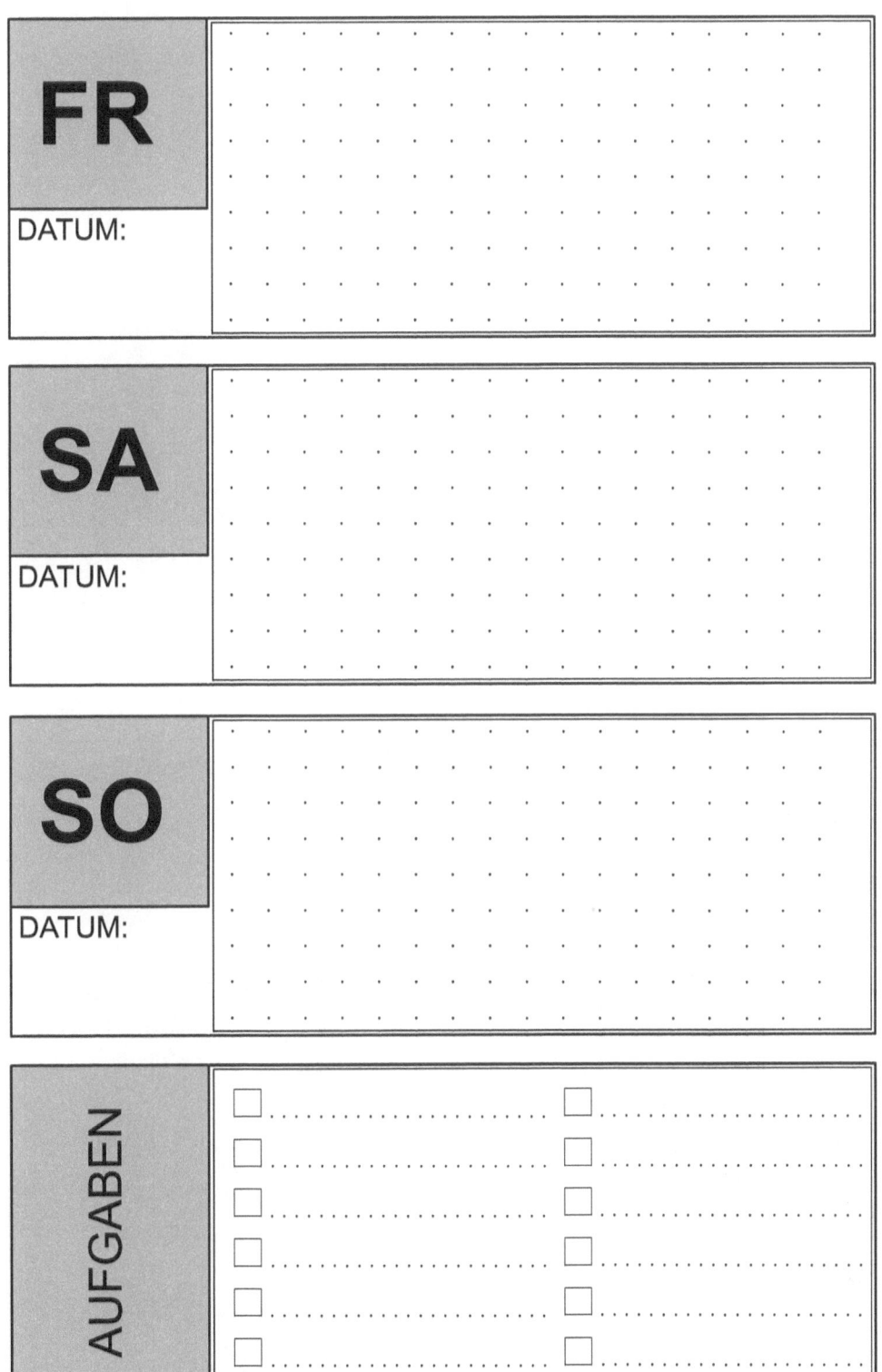

FR

DATUM:

SA

DATUM:

SO

DATUM:

AUFGABEN

☐ .... ☐ ....
☐ .... ☐ ....
☐ .... ☐ ....
☐ .... ☐ ....
☐ .... ☐ ....
☐ .... ☐ ....

MO

DATUM:

DI

DATUM:

MI

DATUM:

DO

DATUM:

FR

DATUM:

SA

DATUM:

SO

DATUM:

AUFGABEN

- [ ] ....
- [ ] ....
- [ ] ....
- [ ] ....
- [ ] ....
- [ ] ....

- [ ] ....
- [ ] ....
- [ ] ....
- [ ] ....
- [ ] ....
- [ ] ....

MO

DATUM:

DI

DATUM:

MI

DATUM:

DO

DATUM:

FR

DATUM:

SA

DATUM:

SO

DATUM:

AUFGABEN

- [ ] ....
- [ ] ....
- [ ] ....
- [ ] ....
- [ ] ....
- [ ] ....

- [ ] ....
- [ ] ....
- [ ] ....
- [ ] ....
- [ ] ....
- [ ] ....

MO

DATUM:

DI

DATUM:

MI

DATUM:

DO

DATUM:

FR

DATUM:

SA

DATUM:

SO

DATUM:

AUFGABEN

☐ . . . .   ☐ . . . .
☐ . . . .   ☐ . . . .
☐ . . . .   ☐ . . . .
☐ . . . .   ☐ . . . .
☐ . . . .   ☐ . . . .
☐ . . . .   ☐ . . . .

MO

DATUM:

DI

DATUM:

MI

DATUM:

DO

DATUM:

FR

DATUM:

SA

DATUM:

SO

DATUM:

AUFGABEN

- [ ] ....
- [ ] ....
- [ ] ....
- [ ] ....
- [ ] ....
- [ ] ....
- [ ] ....
- [ ] ....
- [ ] ....
- [ ] ....
- [ ] ....
- [ ] ....

MO

DATUM:

DI

DATUM:

MI

DATUM:

DO

DATUM:

FR

DATUM:

SA

DATUM:

SO

DATUM:

AUFGABEN

- [ ] ....
- [ ] ....
- [ ] ....
- [ ] ....
- [ ] ....
- [ ] ....
- [ ] ....
- [ ] ....
- [ ] ....
- [ ] ....
- [ ] ....
- [ ] ....

MO

DATUM:

DI

DATUM:

MI

DATUM:

DO

DATUM:

FR

DATUM:

SA

DATUM:

SO

DATUM:

AUFGABEN

☐ .... ☐ ....
☐ .... ☐ ....
☐ .... ☐ ....
☐ .... ☐ ....
☐ .... ☐ ....
☐ .... ☐ ....

MO

DATUM:

DI

DATUM:

MI

DATUM:

DO

DATUM:

FR

DATUM:

SA

DATUM:

SO

DATUM:

AUFGABEN

- [ ] ....
- [ ] ....
- [ ] ....
- [ ] ....
- [ ] ....
- [ ] ....

- [ ] ....
- [ ] ....
- [ ] ....
- [ ] ....
- [ ] ....
- [ ] ....

MO

DATUM:

DI

DATUM:

MI

DATUM:

DO

DATUM:

FR

DATUM:

SA

DATUM:

SO

DATUM:

AUFGABEN

- [ ] ....
- [ ] ....
- [ ] ....
- [ ] ....
- [ ] ....
- [ ] ....
- [ ] ....
- [ ] ....
- [ ] ....
- [ ] ....
- [ ] ....
- [ ] ....

MO

DATUM:

DI

DATUM:

MI

DATUM:

DO

DATUM:

FR

DATUM:

SA

DATUM:

SO

DATUM:

AUFGABEN

- ☐ ....
- ☐ ....
- ☐ ....
- ☐ ....
- ☐ ....
- ☐ ....
- ☐ ....
- ☐ ....
- ☐ ....
- ☐ ....
- ☐ ....
- ☐ ....

MO

DATUM:

DI

DATUM:

MI

DATUM:

DO

DATUM:

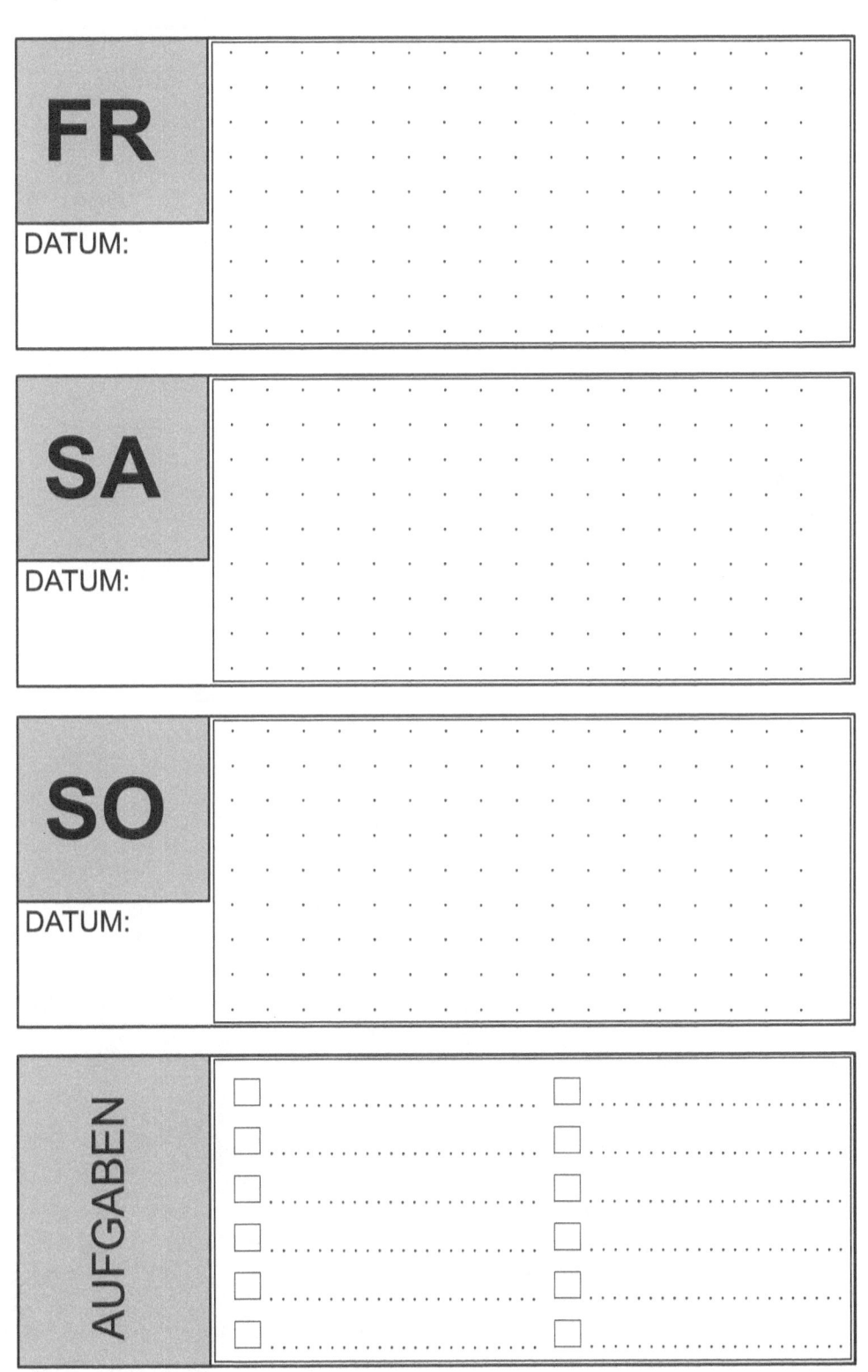

FR

DATUM:

SA

DATUM:

SO

DATUM:

AUFGABEN

- [ ] ....
- [ ] ....
- [ ] ....
- [ ] ....
- [ ] ....
- [ ] ....
- [ ] ....
- [ ] ....
- [ ] ....
- [ ] ....
- [ ] ....
- [ ] ....

MO

DATUM:

DI

DATUM:

MI

DATUM:

DO

DATUM:

FR

DATUM:

SA

DATUM:

SO

DATUM:

AUFGABEN

- [ ] ....
- [ ] ....
- [ ] ....
- [ ] ....
- [ ] ....
- [ ] ....
- [ ] ....
- [ ] ....
- [ ] ....
- [ ] ....
- [ ] ....
- [ ] ....

MO

DATUM:

DI

DATUM:

MI

DATUM:

DO

DATUM:

FR

DATUM:

SA

DATUM:

SO

DATUM:

AUFGABEN

☐ .... ☐ ....
☐ .... ☐ ....
☐ .... ☐ ....
☐ .... ☐ ....
☐ .... ☐ ....
☐ .... ☐ ....

MO

DATUM:

DI

DATUM:

MI

DATUM:

DO

DATUM:

FR

DATUM:

SA

DATUM:

SO

DATUM:

AUFGABEN

- [ ] ....
- [ ] ....
- [ ] ....
- [ ] ....
- [ ] ....
- [ ] ....
- [ ] ....
- [ ] ....
- [ ] ....
- [ ] ....
- [ ] ....
- [ ] ....

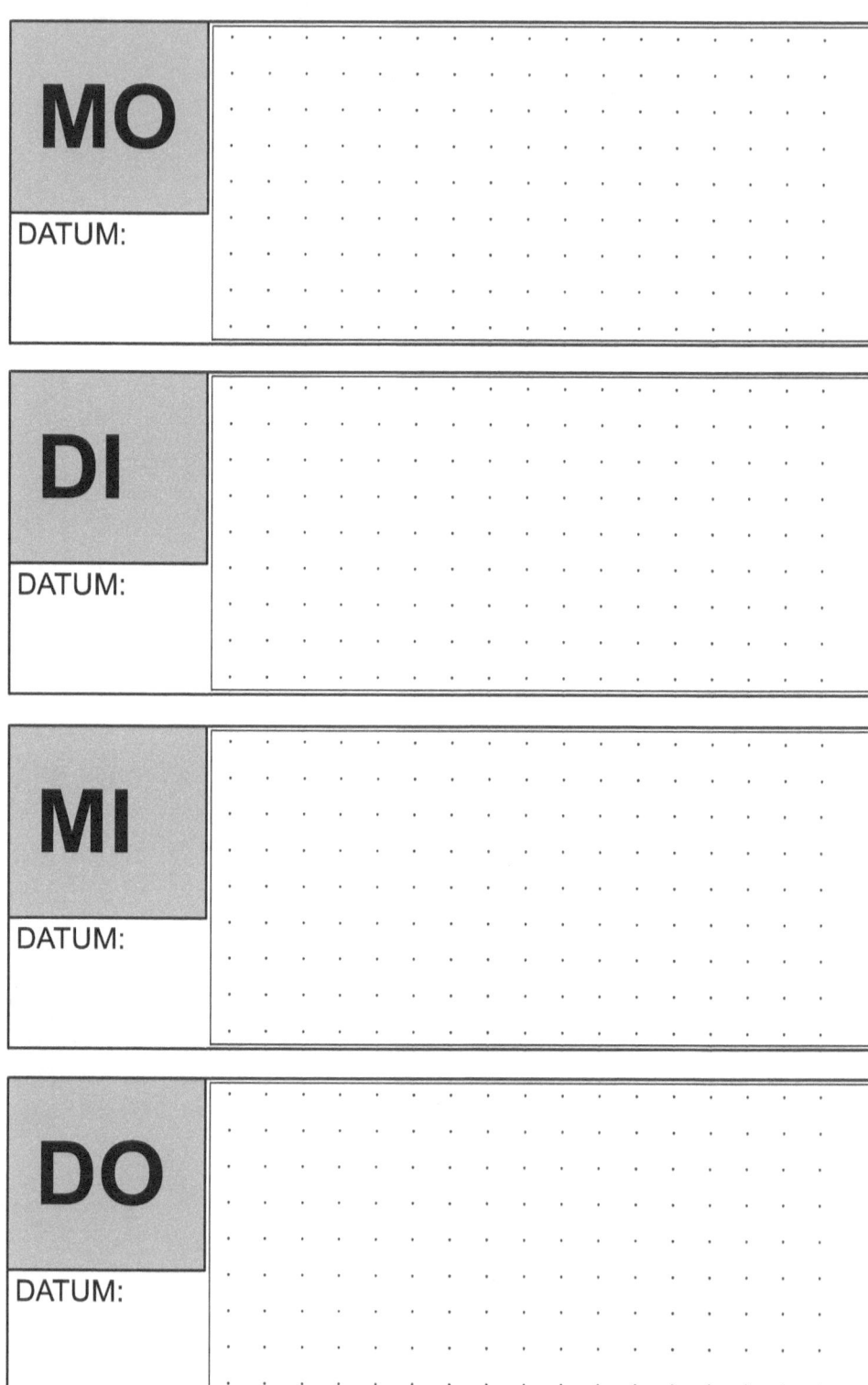

MO

DATUM:

DI

DATUM:

MI

DATUM:

DO

DATUM:

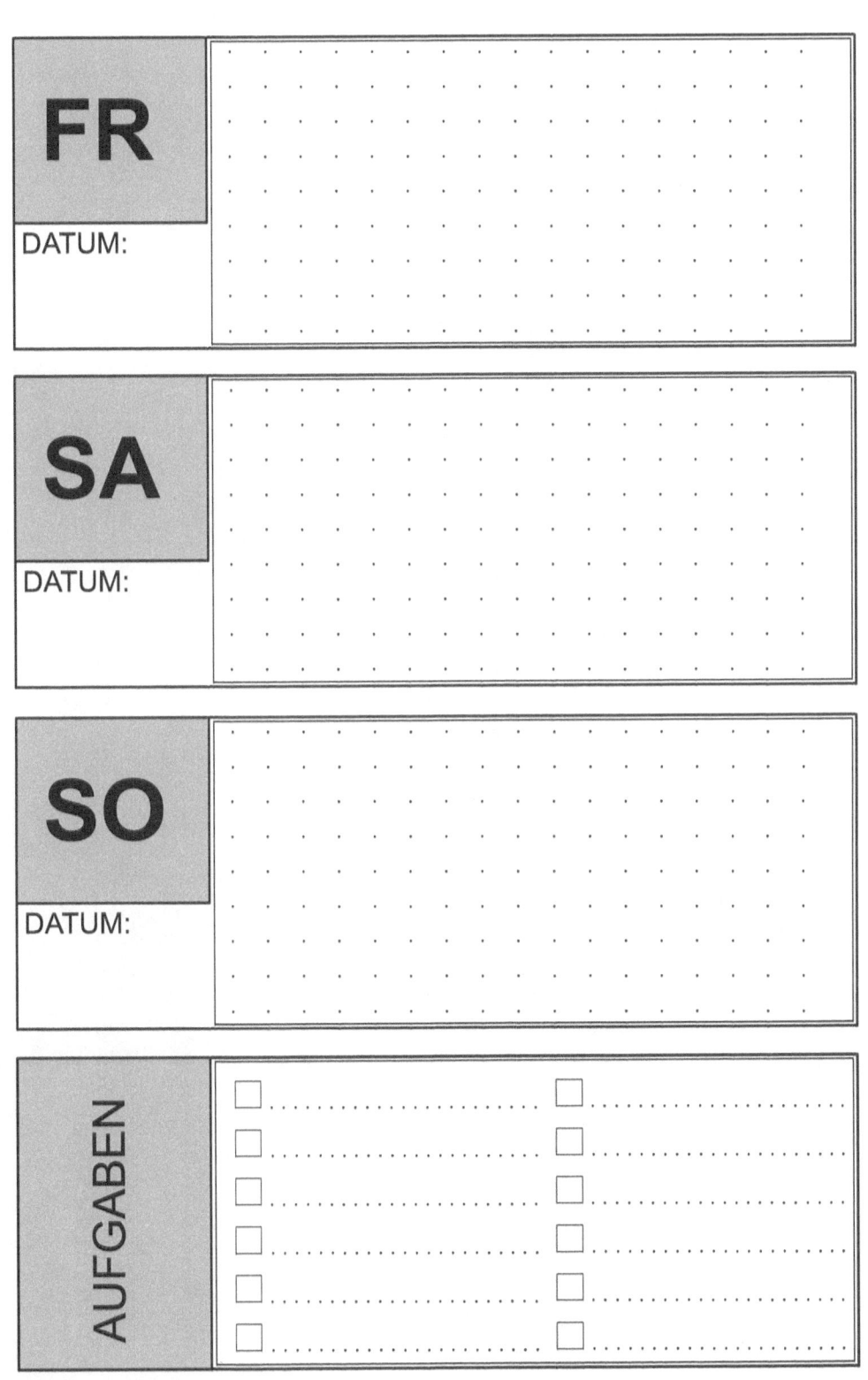

FR

DATUM:

SA

DATUM:

SO

DATUM:

AUFGABEN

MO

DATUM:

DI

DATUM:

MI

DATUM:

DO

DATUM:

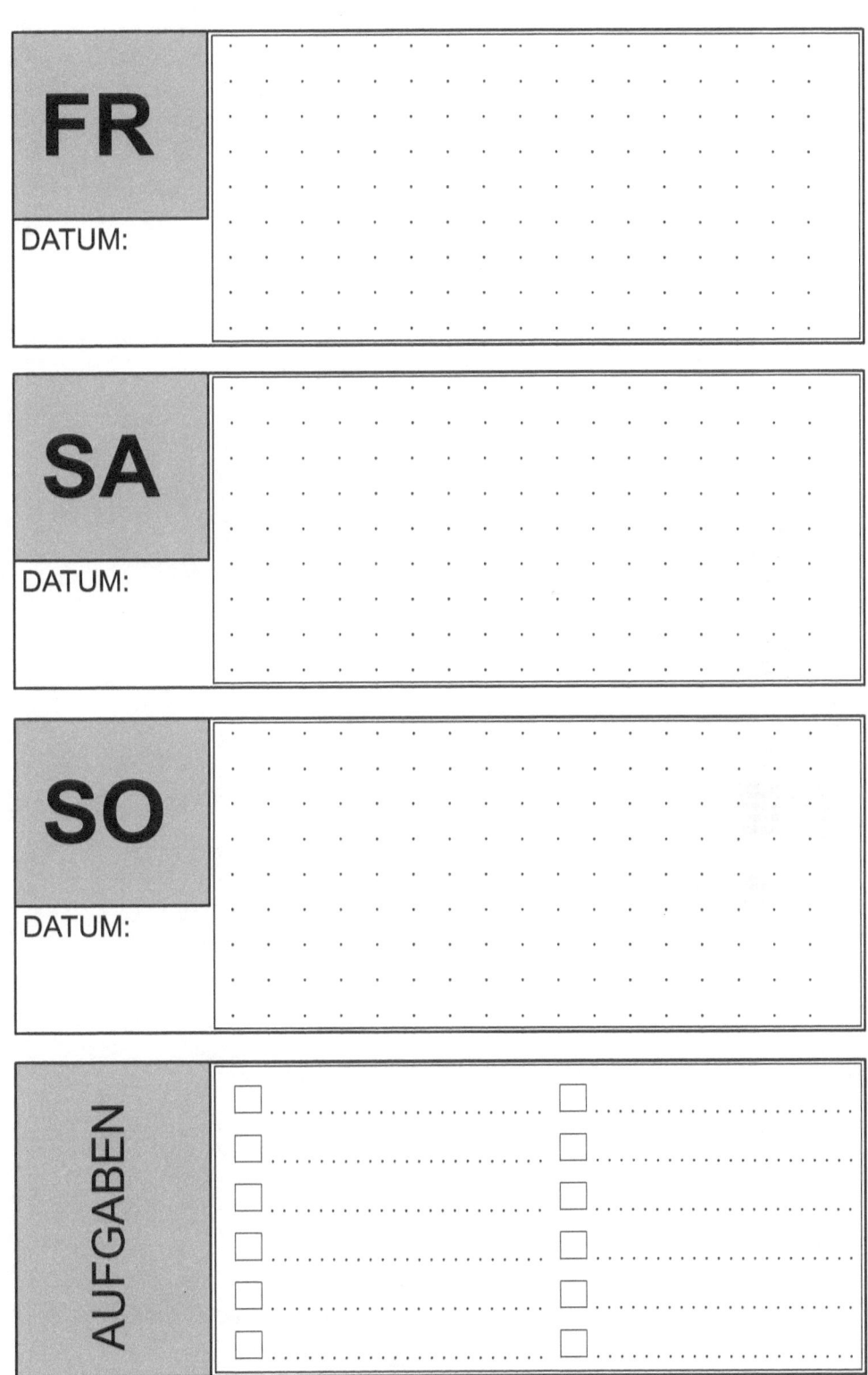

FR

DATUM:

SA

DATUM:

SO

DATUM:

AUFGABEN

MO

DATUM:

DI

DATUM:

MI

DATUM:

DO

DATUM:

FR

DATUM:

SA

DATUM:

SO

DATUM:

AUFGABEN

☐ .... ☐ ....
☐ .... ☐ ....
☐ .... ☐ ....
☐ .... ☐ ....
☐ .... ☐ ....
☐ .... ☐ ....

MO

DATUM:

DI

DATUM:

MI

DATUM:

DO

DATUM:

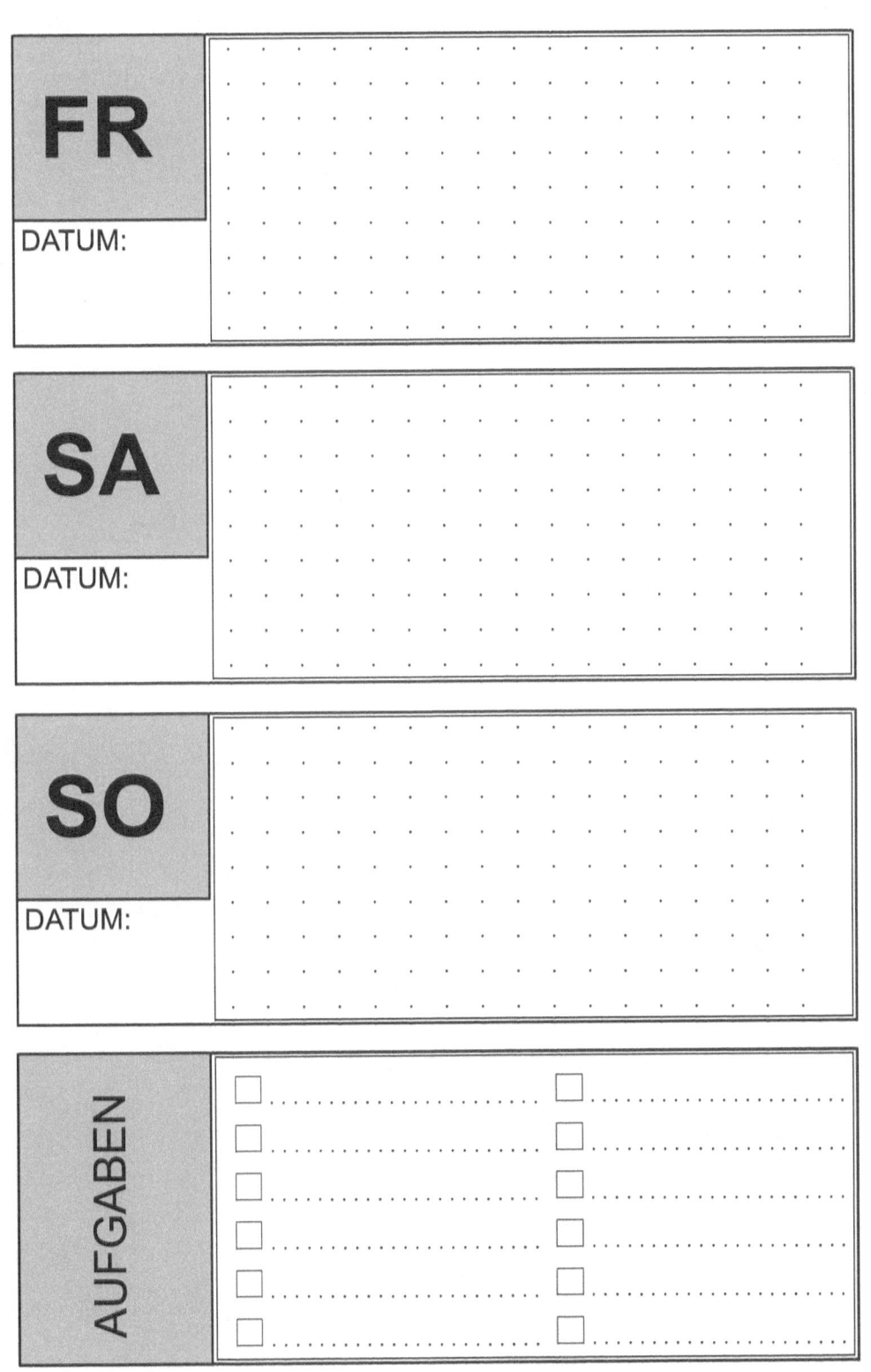

FR

DATUM:

SA

DATUM:

SO

DATUM:

AUFGABEN

☐ .... ☐ ....
☐ .... ☐ ....
☐ .... ☐ ....
☐ .... ☐ ....
☐ .... ☐ ....
☐ .... ☐ ....

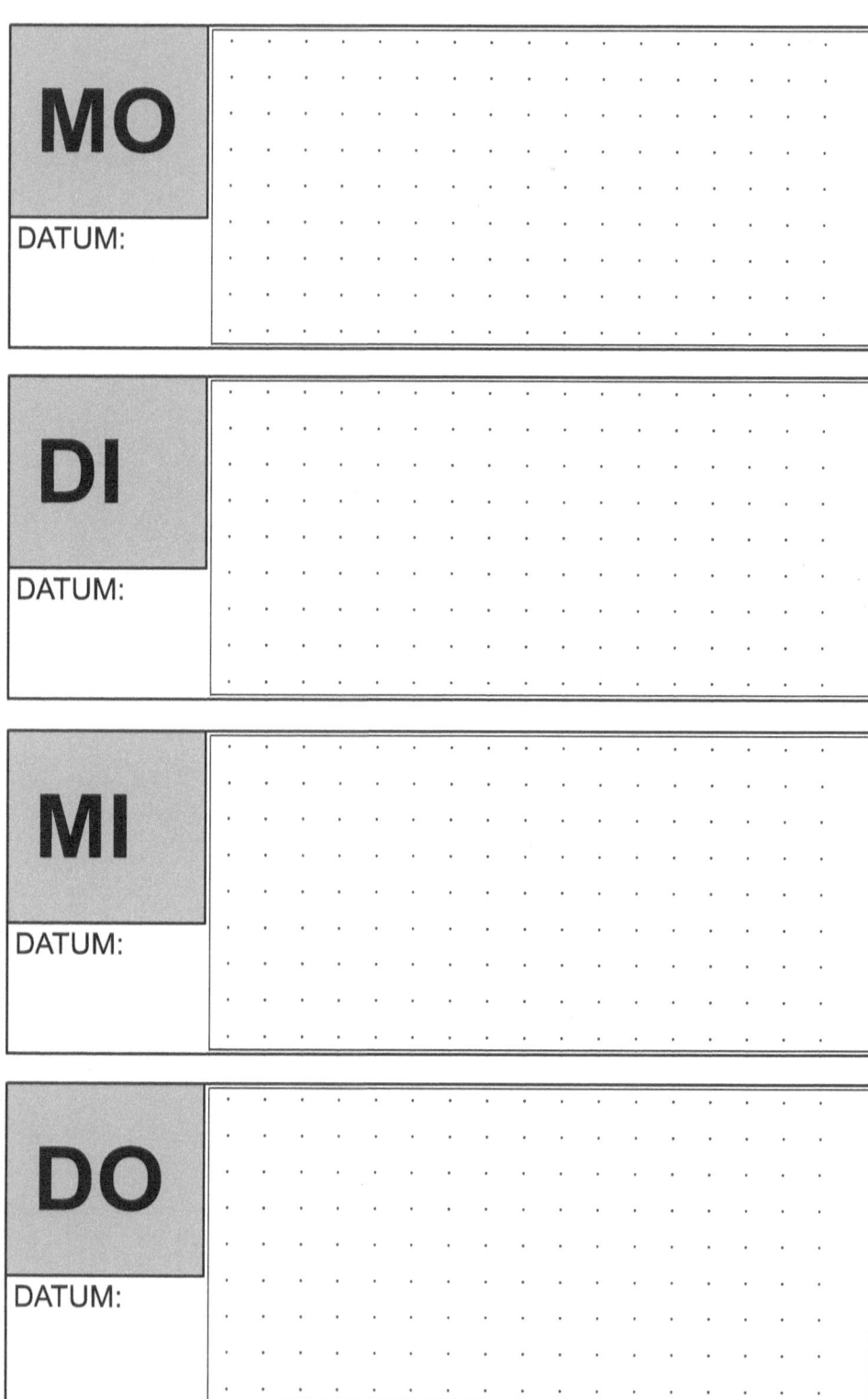

MO

DATUM:

DI

DATUM:

MI

DATUM:

DO

DATUM:

FR

DATUM:

SA

DATUM:

SO

DATUM:

AUFGABEN

- ☐ ....
- ☐ ....
- ☐ ....
- ☐ ....
- ☐ ....
- ☐ ....
- ☐ ....
- ☐ ....
- ☐ ....
- ☐ ....
- ☐ ....
- ☐ ....

MO

DATUM:

DI

DATUM:

MI

DATUM:

DO

DATUM:

FR

DATUM:

SA

DATUM:

SO

DATUM:

AUFGABEN

☐ .... ☐ ....
☐ .... ☐ ....
☐ .... ☐ ....
☐ .... ☐ ....
☐ .... ☐ ....
☐ .... ☐ ....

MO

DATUM:

DI

DATUM:

MI

DATUM:

DO

DATUM:

FR

DATUM:

SA

DATUM:

SO

DATUM:

AUFGABEN

- [ ] ....
- [ ] ....
- [ ] ....
- [ ] ....
- [ ] ....
- [ ] ....
- [ ] ....
- [ ] ....
- [ ] ....
- [ ] ....
- [ ] ....
- [ ] ....

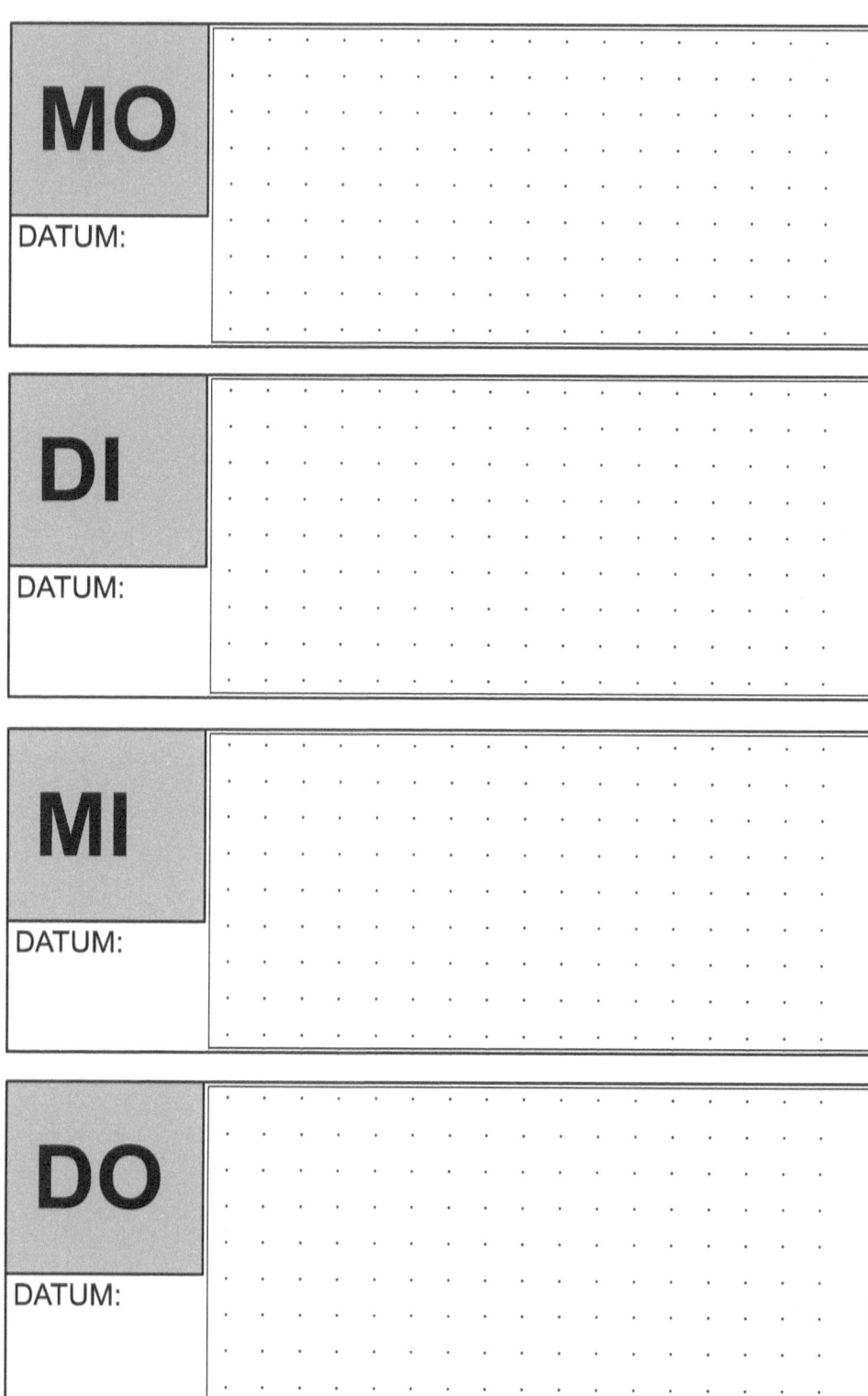

MO

DATUM:

DI

DATUM:

MI

DATUM:

DO

DATUM:

FR

DATUM:

SA

DATUM:

SO

DATUM:

AUFGABEN

☐ .... ☐ ....
☐ .... ☐ ....
☐ .... ☐ ....
☐ .... ☐ ....
☐ .... ☐ ....
☐ .... ☐ ....

MO

DATUM:

DI

DATUM:

MI

DATUM:

DO

DATUM:

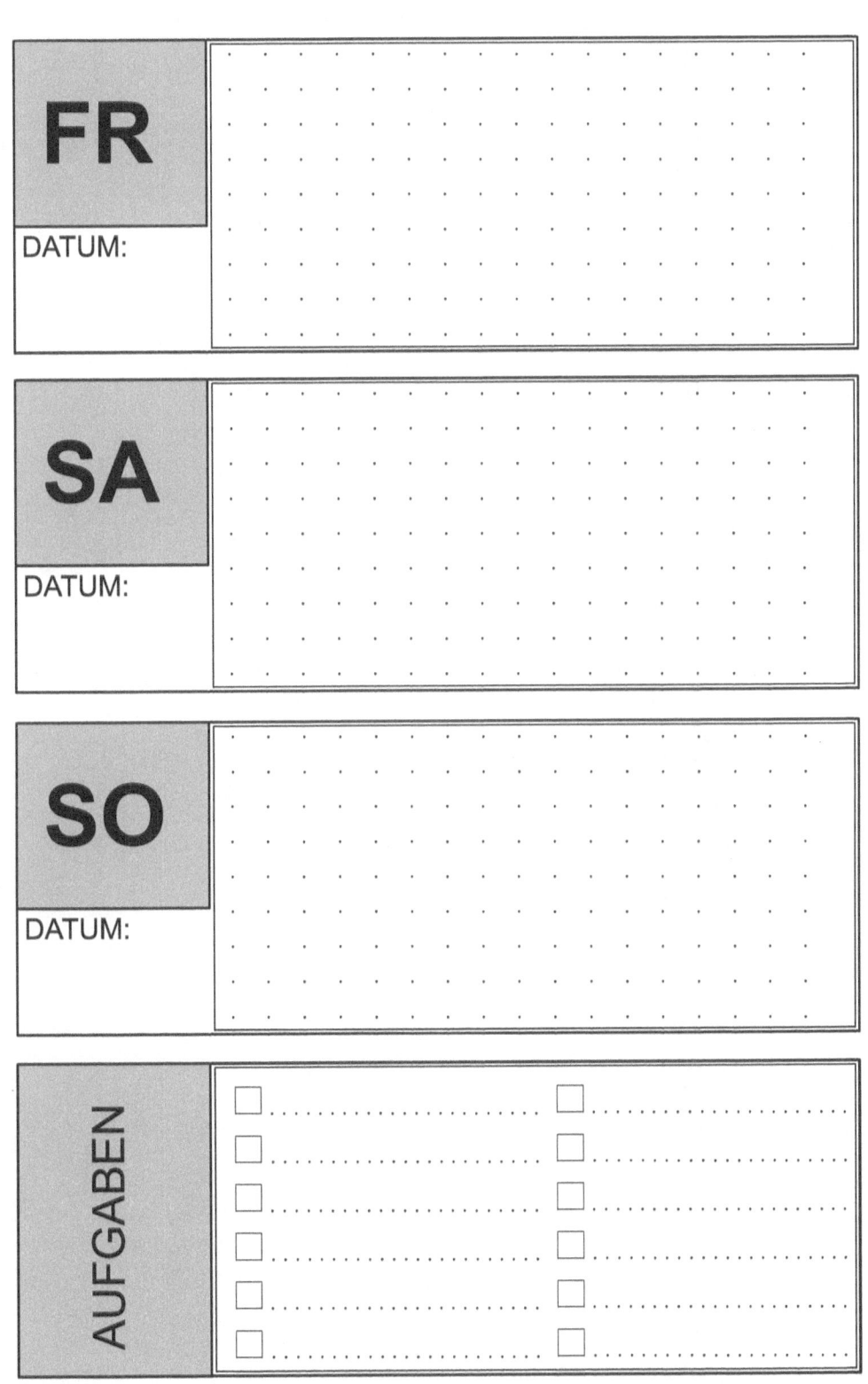

FR

DATUM:

SA

DATUM:

SO

DATUM:

AUFGABEN

MO

DATUM:

DI

DATUM:

MI

DATUM:

DO

DATUM:

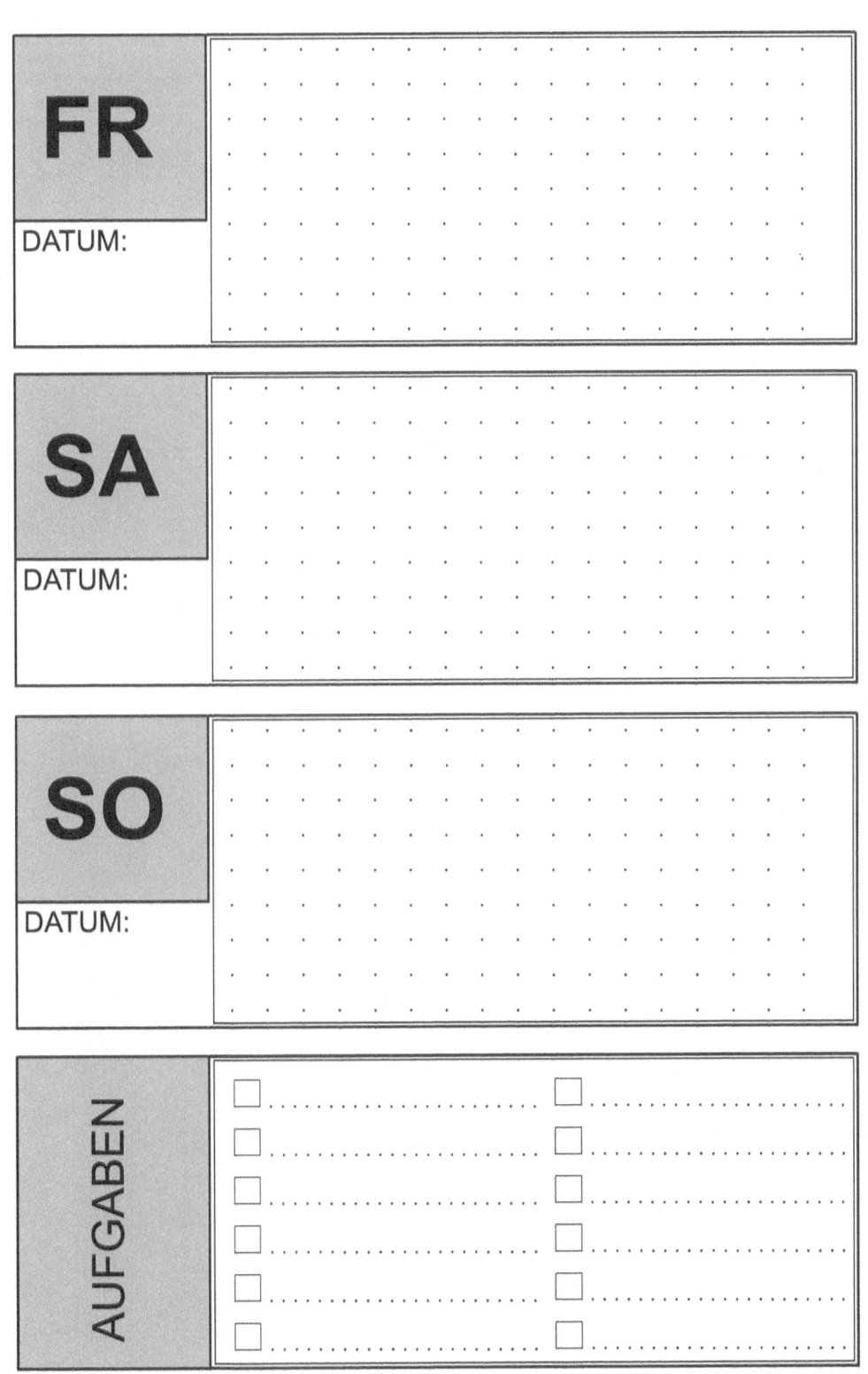

FR

DATUM:

SA

DATUM:

SO

DATUM:

AUFGABEN

MO

DATUM:

DI

DATUM:

MI

DATUM:

DO

DATUM:

FR

DATUM:

SA

DATUM:

SO

DATUM:

AUFGABEN

- [ ] ....
- [ ] ....
- [ ] ....
- [ ] ....
- [ ] ....
- [ ] ....
- [ ] ....
- [ ] ....
- [ ] ....
- [ ] ....
- [ ] ....
- [ ] ....

MO

DATUM:

DI

DATUM:

MI

DATUM:

DO

DATUM:

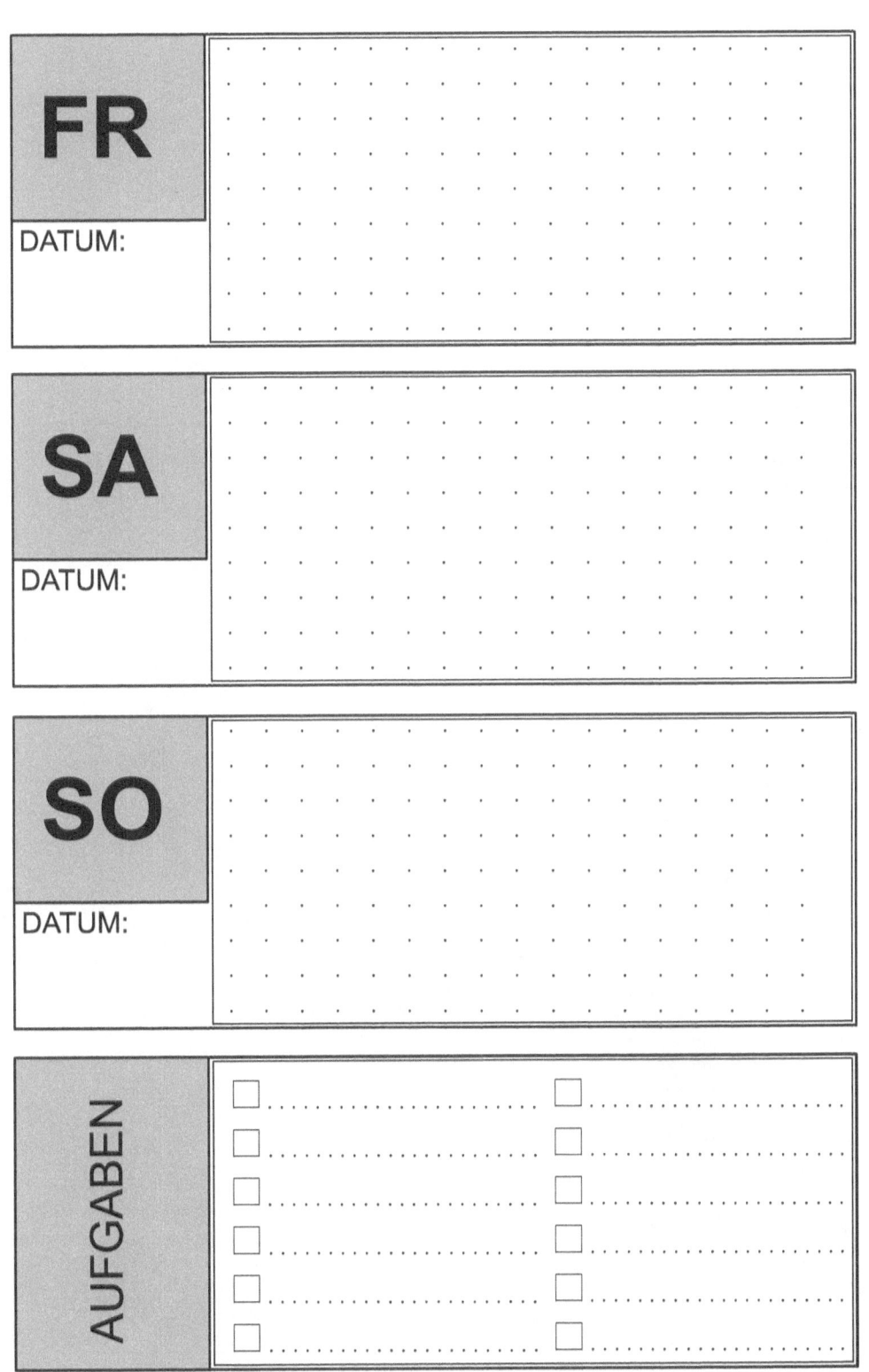

FR

DATUM:

SA

DATUM:

SO

DATUM:

AUFGABEN

MO

DATUM:

DI

DATUM:

MI

DATUM:

DO

DATUM:

FR

DATUM:

SA

DATUM:

SO

DATUM:

AUFGABEN

- [ ] ....
- [ ] ....
- [ ] ....
- [ ] ....
- [ ] ....
- [ ] ....
- [ ] ....
- [ ] ....
- [ ] ....
- [ ] ....
- [ ] ....
- [ ] ....

MO

DATUM:

DI

DATUM:

MI

DATUM:

DO

DATUM:

FR

DATUM:

SA

DATUM:

SO

DATUM:

AUFGABEN

☐ .... ☐ ....
☐ .... ☐ ....
☐ .... ☐ ....
☐ .... ☐ ....
☐ .... ☐ ....
☐ .... ☐ ....

MO

DATUM:

DI

DATUM:

MI

DATUM:

DO

DATUM:

FR

DATUM:

SA

DATUM:

SO

DATUM:

AUFGABEN

- [ ] ....
- [ ] ....
- [ ] ....
- [ ] ....
- [ ] ....
- [ ] ....
- [ ] ....
- [ ] ....
- [ ] ....
- [ ] ....
- [ ] ....
- [ ] ....

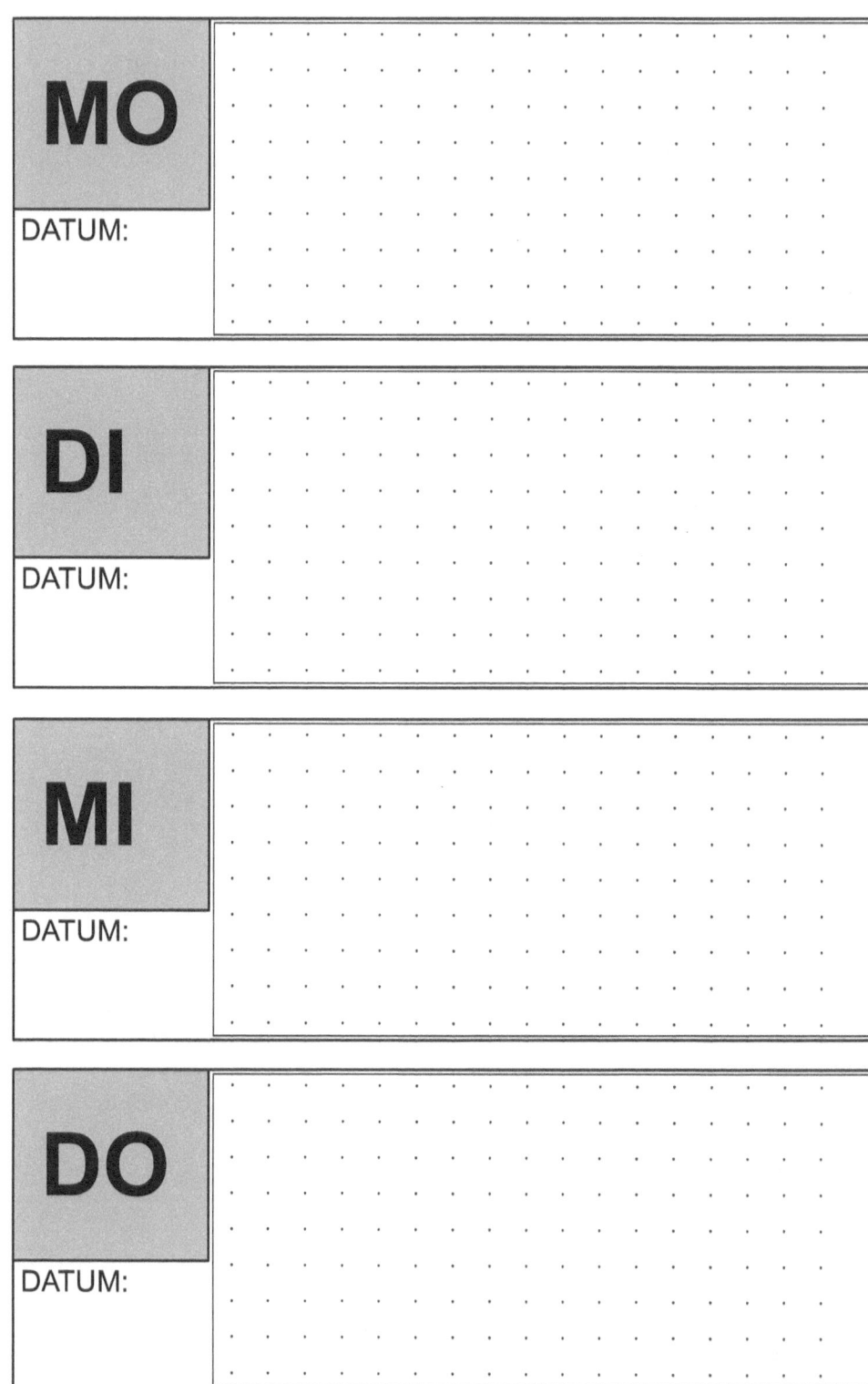

MO

DATUM:

DI

DATUM:

MI

DATUM:

DO

DATUM:

FR

DATUM:

SA

DATUM:

SO

DATUM:

AUFGABEN

- [ ] ....
- [ ] ....
- [ ] ....
- [ ] ....
- [ ] ....
- [ ] ....

- [ ] ....
- [ ] ....
- [ ] ....
- [ ] ....
- [ ] ....
- [ ] ....

MO

DATUM:

DI

DATUM:

MI

DATUM:

DO

DATUM:

FR

DATUM:

SA

DATUM:

SO

DATUM:

AUFGABEN

- [ ] .... [ ] ....
- [ ] .... [ ] ....
- [ ] .... [ ] ....
- [ ] .... [ ] ....
- [ ] .... [ ] ....
- [ ] .... [ ] ....

MO

DATUM:

DI

DATUM:

MI

DATUM:

DO

DATUM:

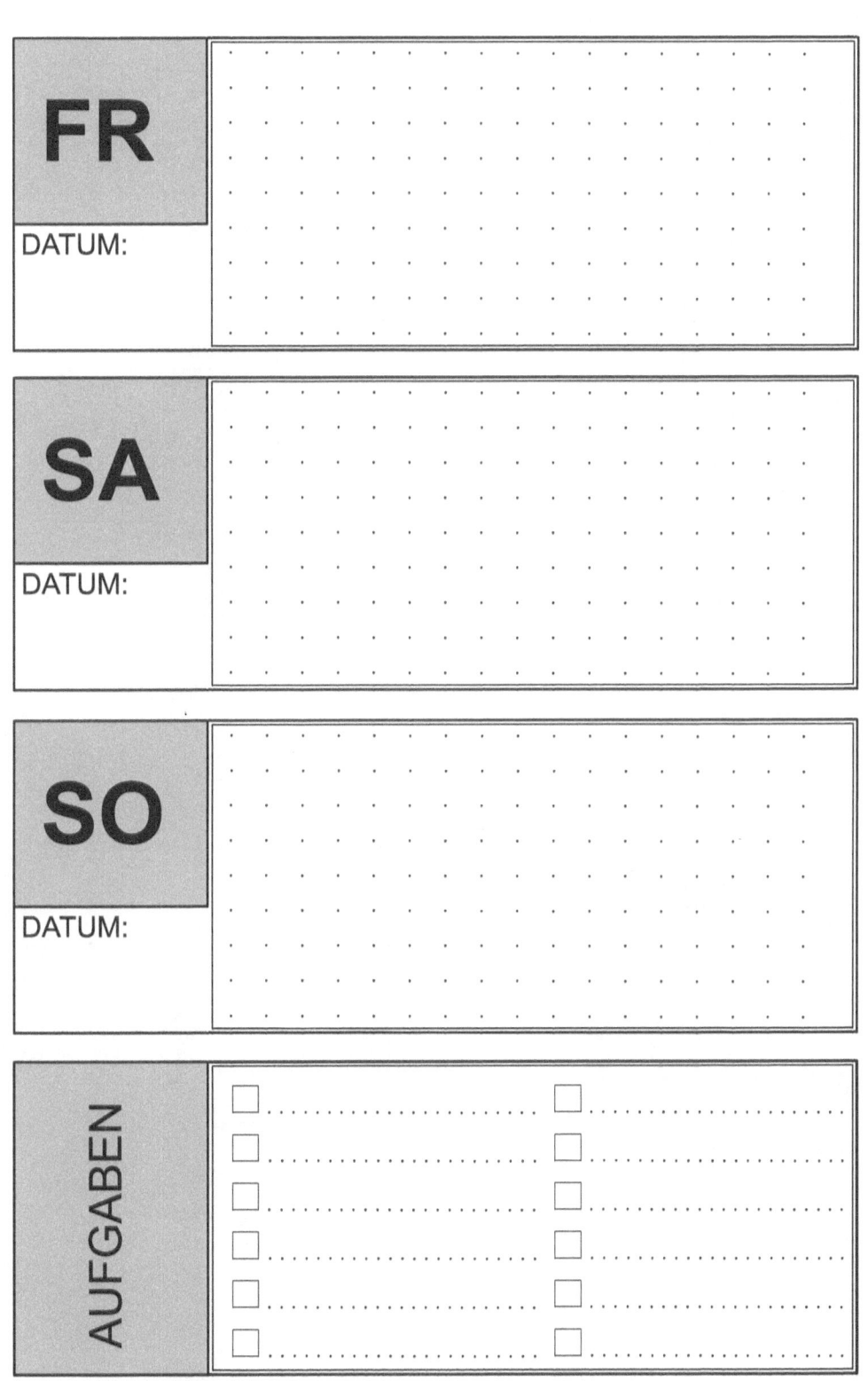

FR

DATUM:

SA

DATUM:

SO

DATUM:

AUFGABEN

MO

DATUM:

DI

DATUM:

MI

DATUM:

DO

DATUM:

FR

DATUM:

SA

DATUM:

SO

DATUM:

AUFGABEN

- [ ] ....
- [ ] ....
- [ ] ....
- [ ] ....
- [ ] ....
- [ ] ....
- [ ] ....
- [ ] ....
- [ ] ....
- [ ] ....
- [ ] ....
- [ ] ....

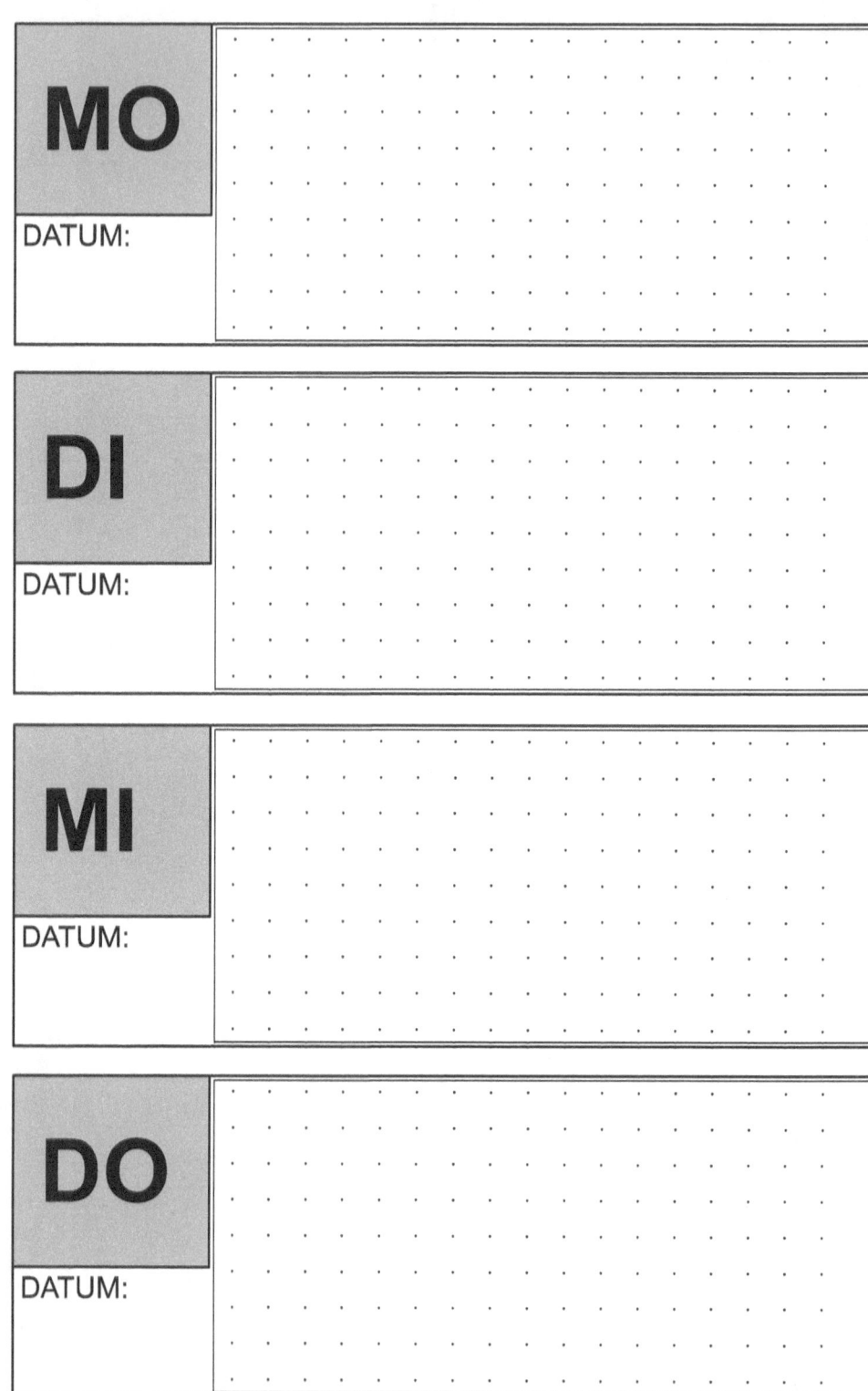

MO

DATUM:

DI

DATUM:

MI

DATUM:

DO

DATUM:

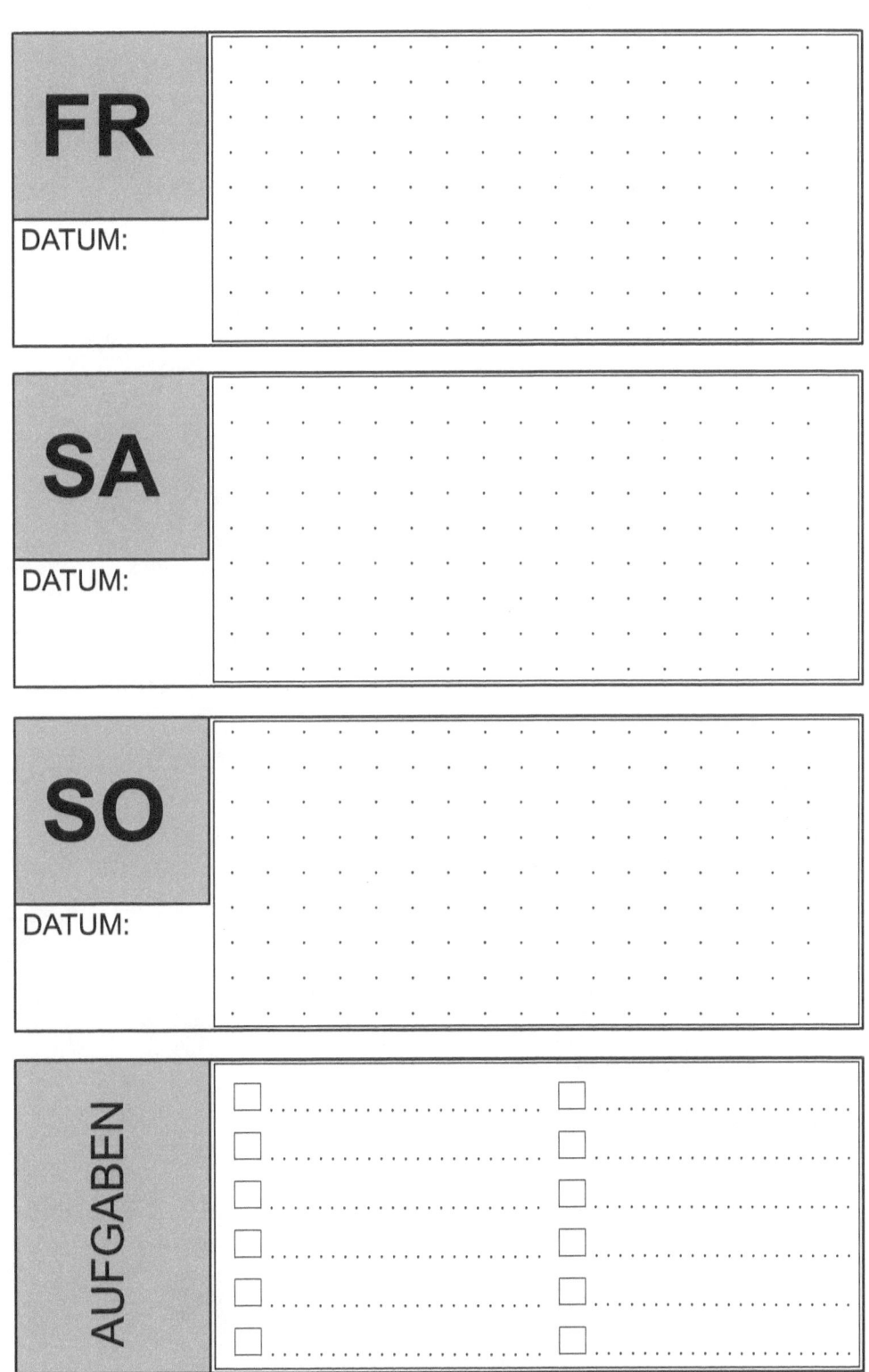

FR

DATUM:

SA

DATUM:

SO

DATUM:

AUFGABEN

MO

DATUM:

DI

DATUM:

MI

DATUM:

DO

DATUM:

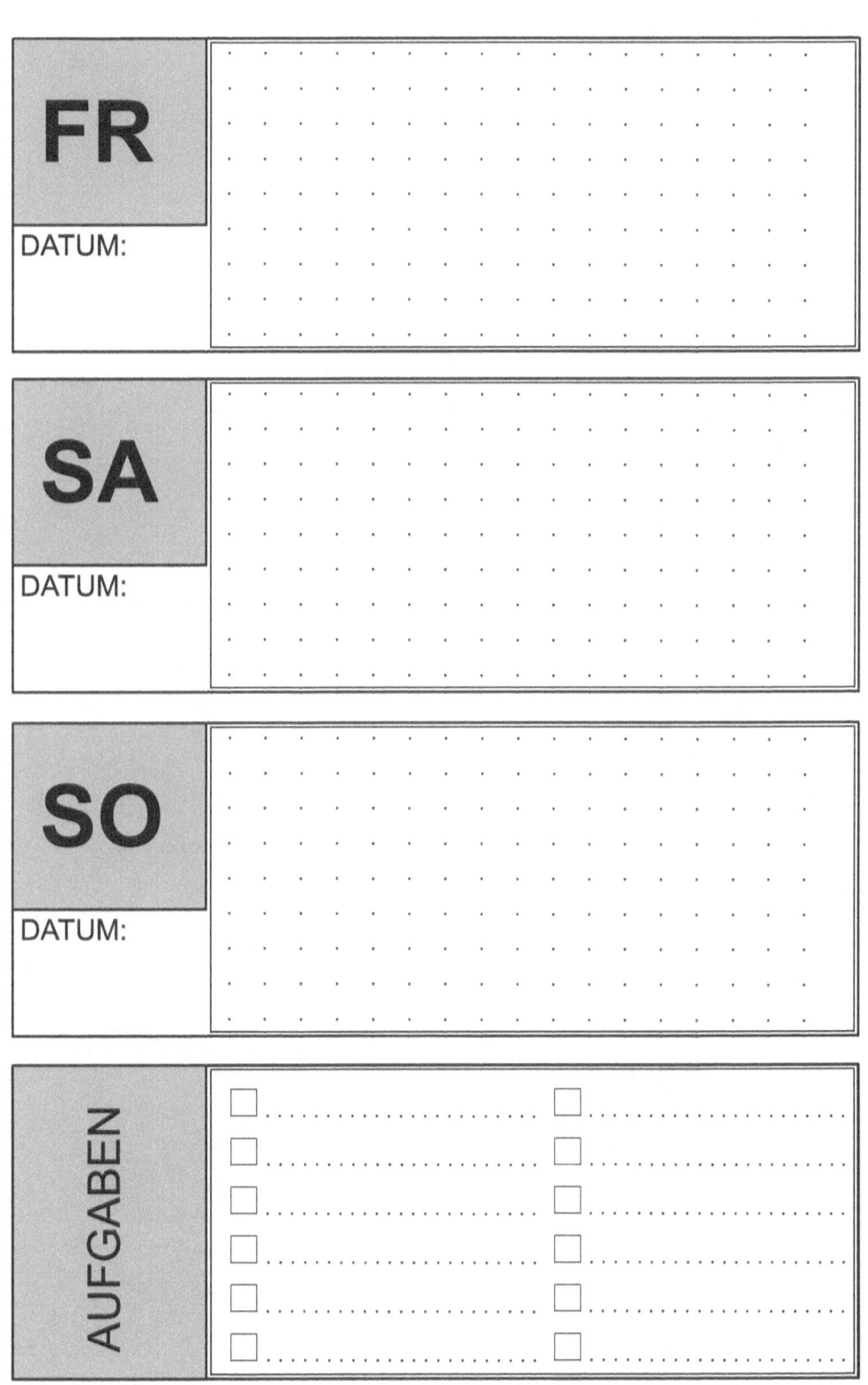

FR

DATUM:

SA

DATUM:

SO

DATUM:

AUFGABEN

☐ .... ☐ ....
☐ .... ☐ ....
☐ .... ☐ ....
☐ .... ☐ ....
☐ .... ☐ ....
☐ .... ☐ ....

MO

DATUM:

DI

DATUM:

MI

DATUM:

DO

DATUM:

FR

DATUM:

SA

DATUM:

SO

DATUM:

AUFGABEN

- [ ] ....
- [ ] ....
- [ ] ....
- [ ] ....
- [ ] ....
- [ ] ....
- [ ] ....
- [ ] ....
- [ ] ....
- [ ] ....
- [ ] ....
- [ ] ....

MO

DATUM:

DI

DATUM:

MI

DATUM:

DO

DATUM:

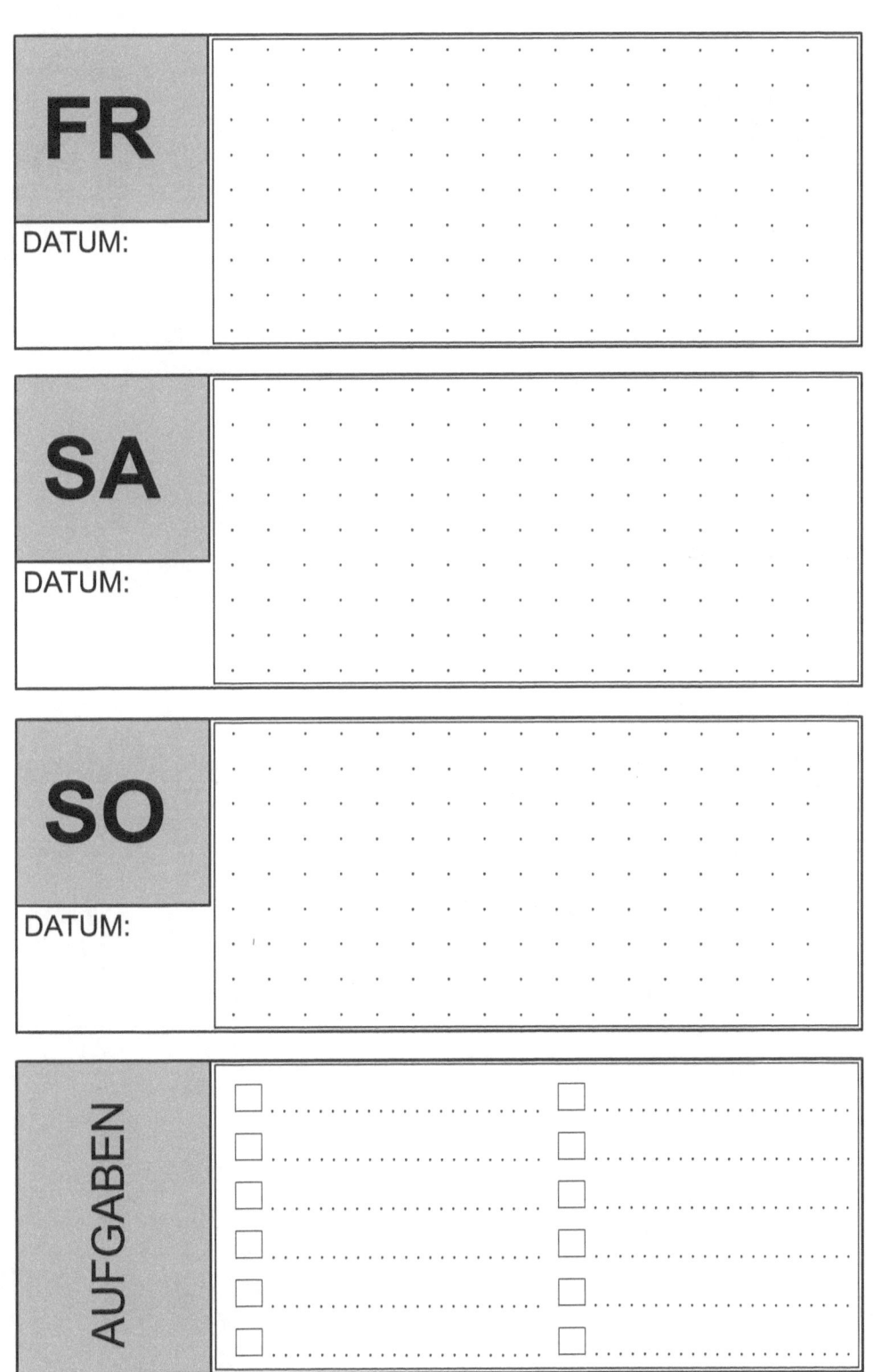

FR
DATUM:

SA
DATUM:

SO
DATUM:

AUFGABEN

MO

DATUM:

DI

DATUM:

MI

DATUM:

DO

DATUM:

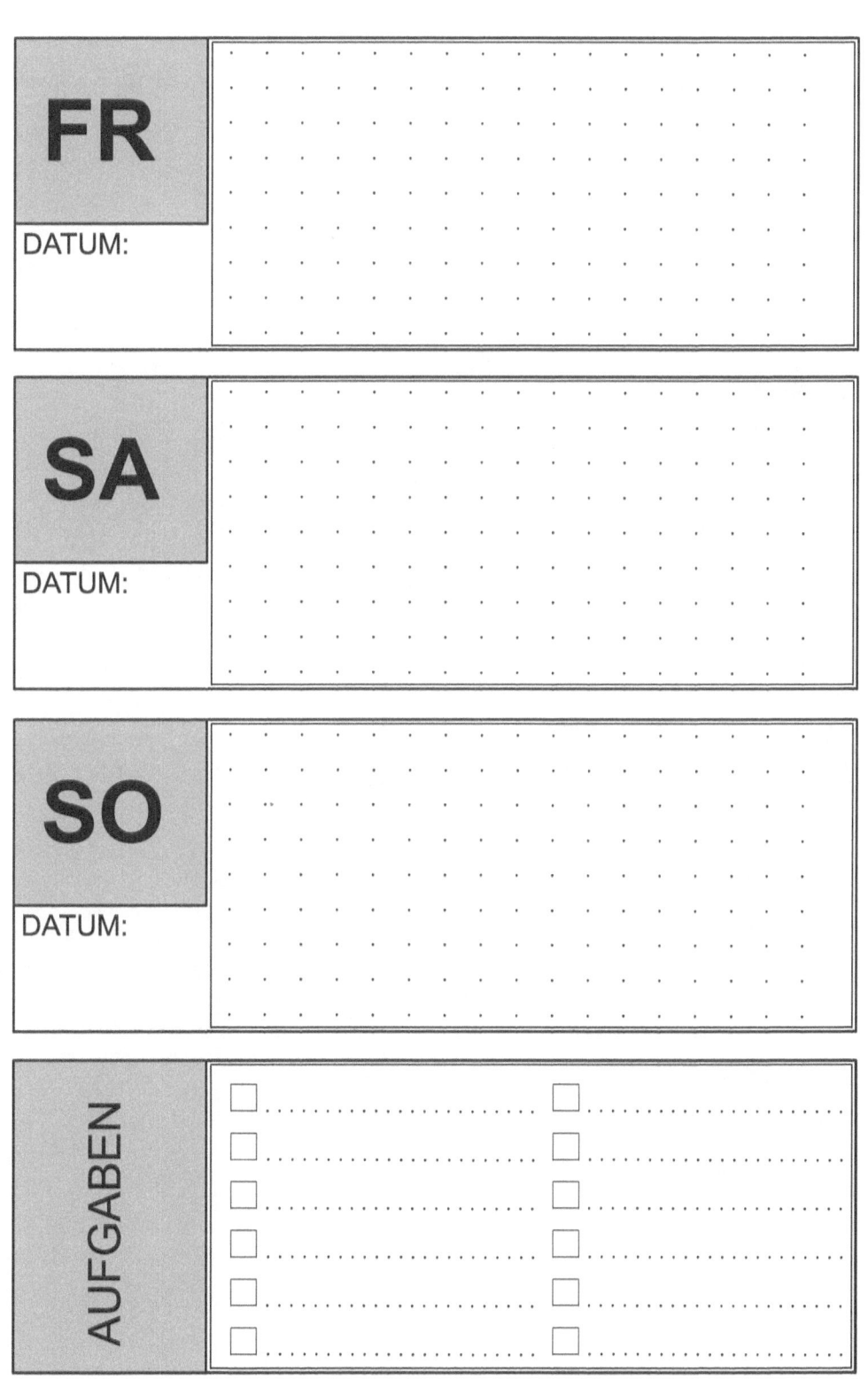

FR

DATUM:

SA

DATUM:

SO

DATUM:

AUFGABEN

☐ .... ☐ ....
☐ .... ☐ ....
☐ .... ☐ ....
☐ .... ☐ ....
☐ .... ☐ ....
☐ .... ☐ ....

MO

DATUM:

DI

DATUM:

MI

DATUM:

DO

DATUM:

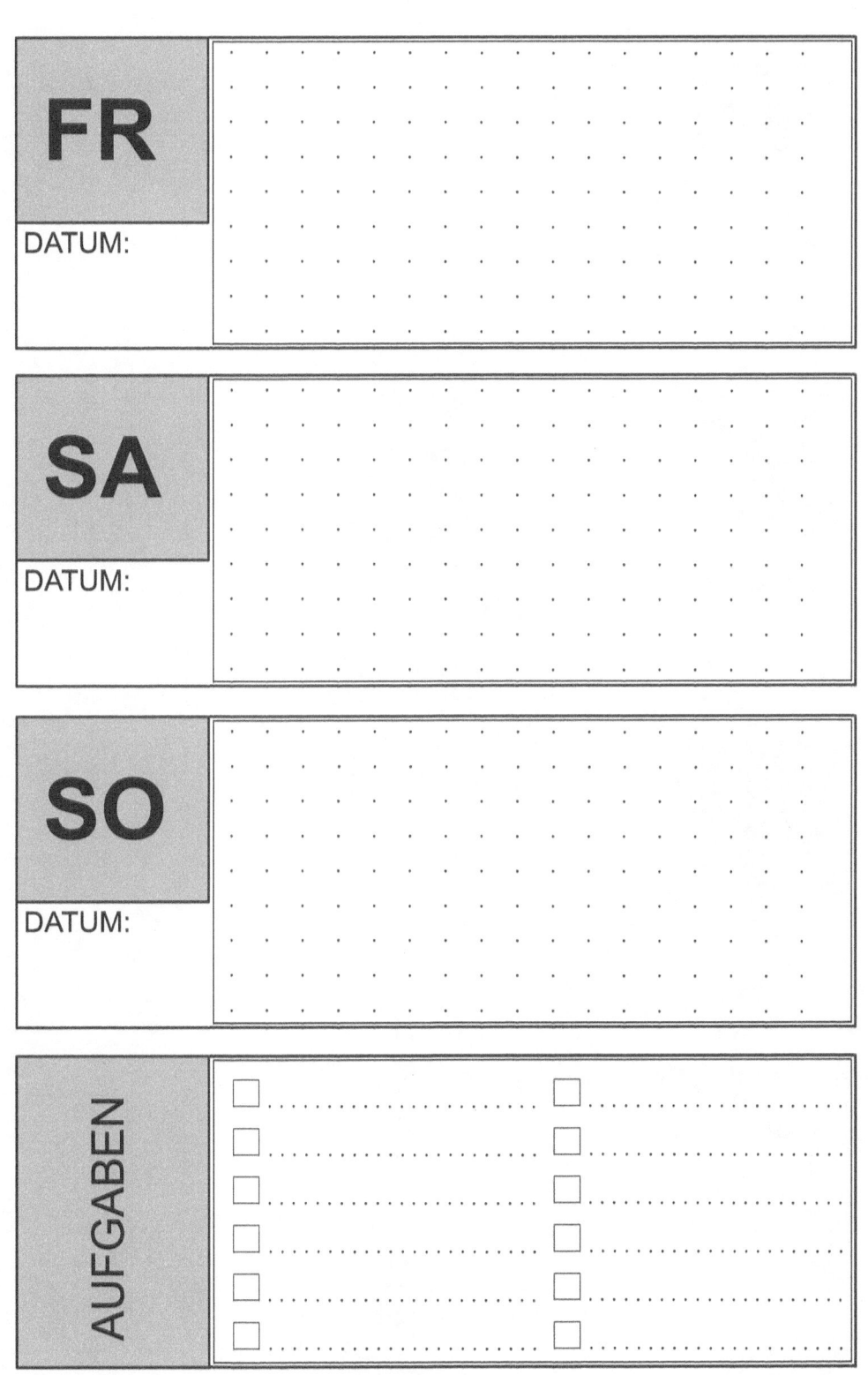

FR

DATUM:

SA

DATUM:

SO

DATUM:

AUFGABEN

- [ ] ....
- [ ] ....
- [ ] ....
- [ ] ....
- [ ] ....
- [ ] ....
- [ ] ....
- [ ] ....
- [ ] ....
- [ ] ....
- [ ] ....
- [ ] ....

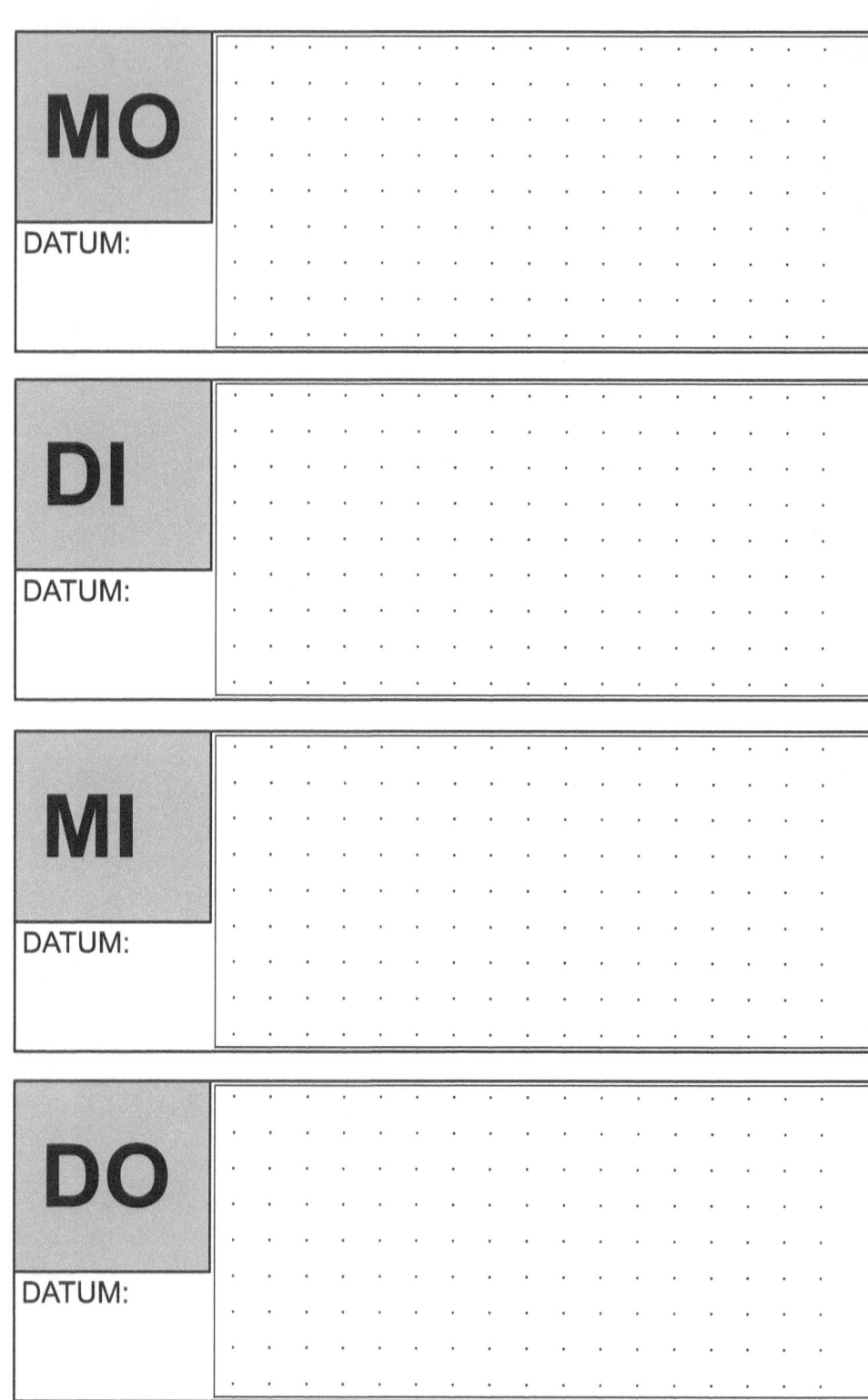

MO

DATUM:

DI

DATUM:

MI

DATUM:

DO

DATUM:

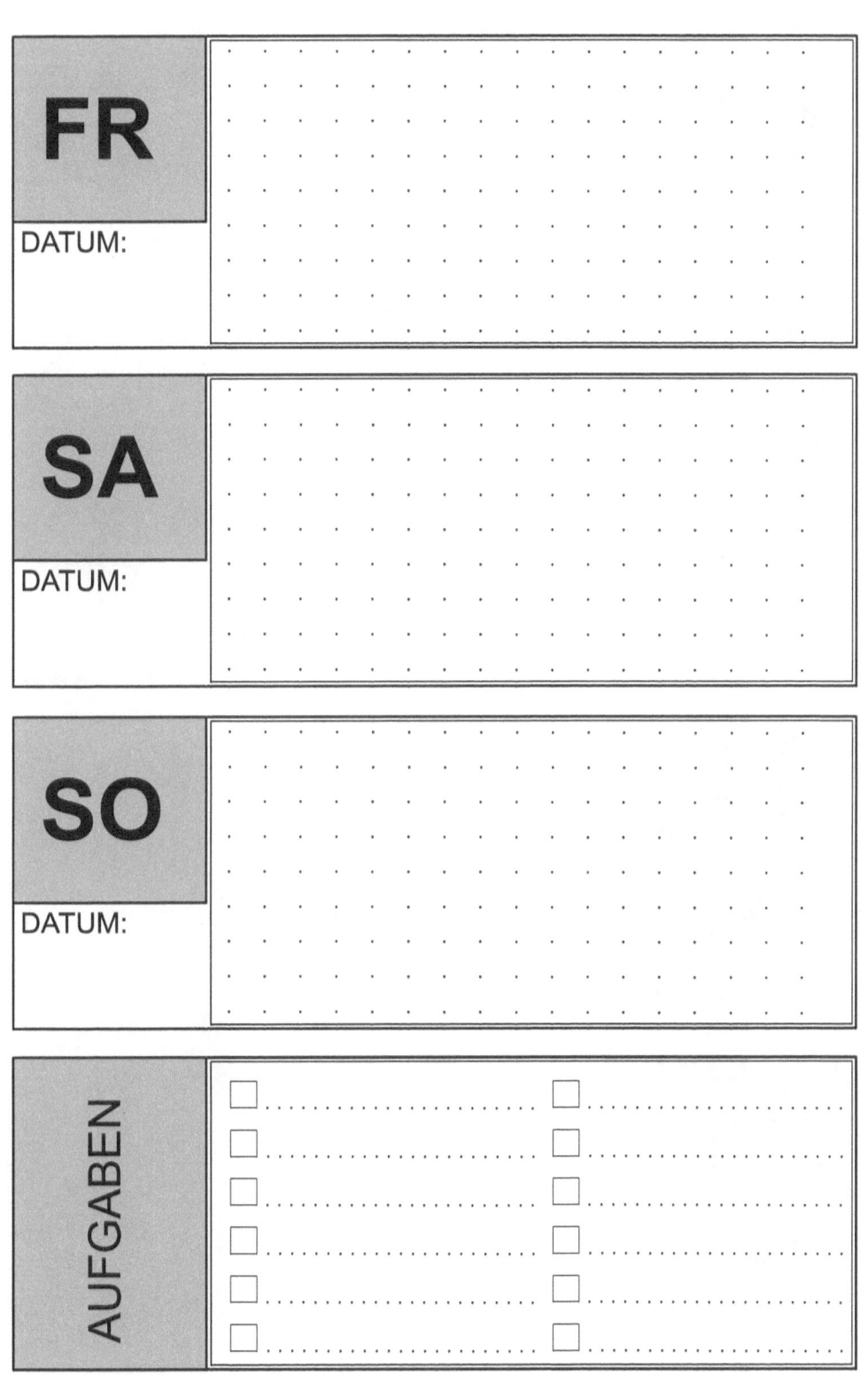

FR

DATUM:

SA

DATUM:

SO

DATUM:

AUFGABEN

MO

DATUM:

DI

DATUM:

MI

DATUM:

DO

DATUM:

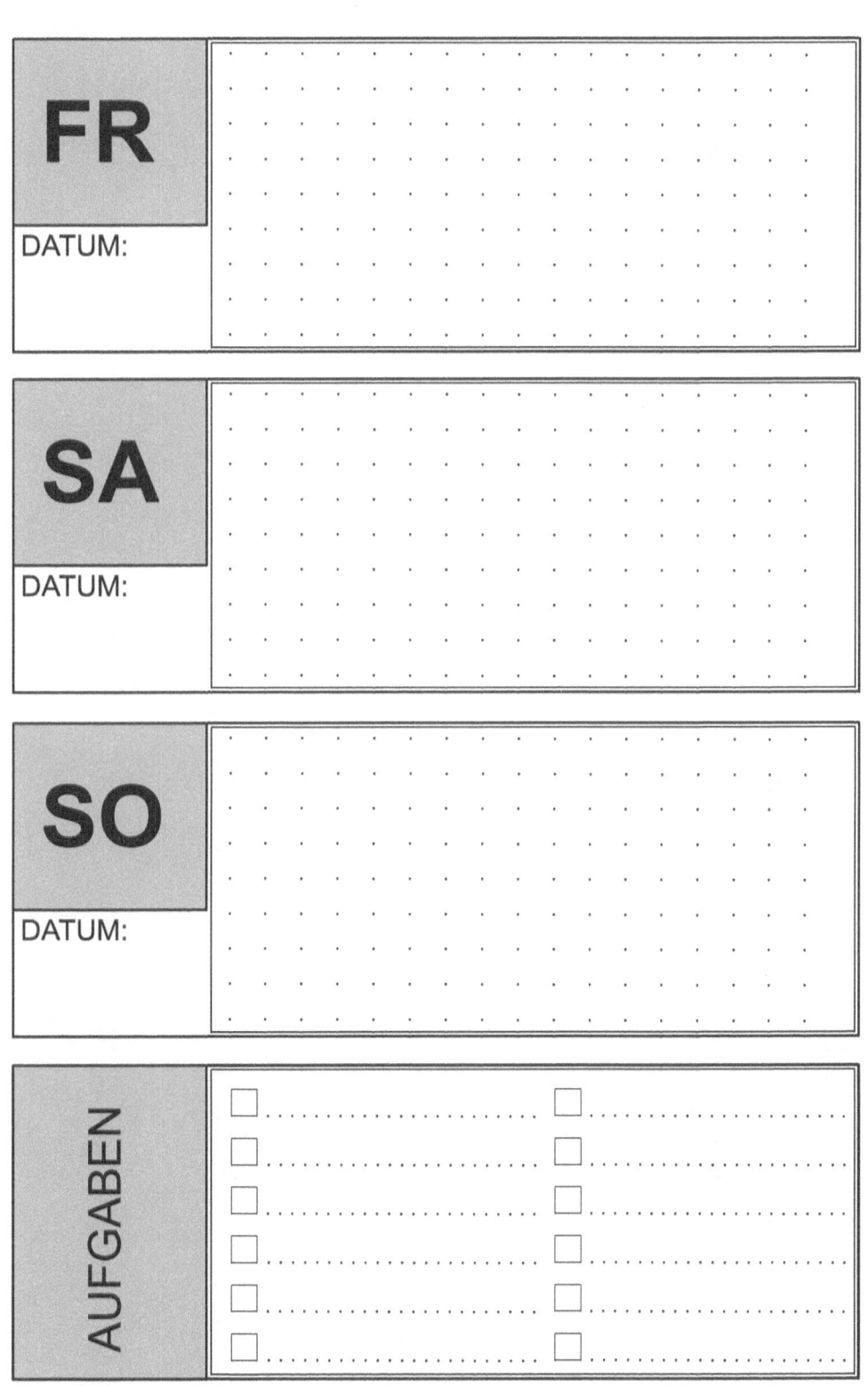

FR

DATUM:

SA

DATUM:

SO

DATUM:

AUFGABEN

- [ ] .... [ ] ....
- [ ] .... [ ] ....
- [ ] .... [ ] ....
- [ ] .... [ ] ....
- [ ] .... [ ] ....
- [ ] .... [ ] ....

MO

DATUM:

DI

DATUM:

MI

DATUM:

DO

DATUM:

FR

DATUM:

SA

DATUM:

SO

DATUM:

AUFGABEN

- [ ] ....
- [ ] ....
- [ ] ....
- [ ] ....
- [ ] ....
- [ ] ....
- [ ] ....
- [ ] ....
- [ ] ....
- [ ] ....
- [ ] ....
- [ ] ....

MO

DATUM:

DI

DATUM:

MI

DATUM:

DO

DATUM:

FR

DATUM:

SA

DATUM:

SO

DATUM:

AUFGABEN

☐ .... ☐ ....
☐ .... ☐ ....
☐ .... ☐ ....
☐ .... ☐ ....
☐ .... ☐ ....
☐ .... ☐ ....

MO

DATUM:

DI

DATUM:

MI

DATUM:

DO

DATUM:

FR

DATUM:

SA

DATUM:

SO

DATUM:

AUFGABEN

☐ .... ☐ ....
☐ .... ☐ ....
☐ .... ☐ ....
☐ .... ☐ ....
☐ .... ☐ ....
☐ .... ☐ ....

MO

DATUM:

DI

DATUM:

MI

DATUM:

DO

DATUM:

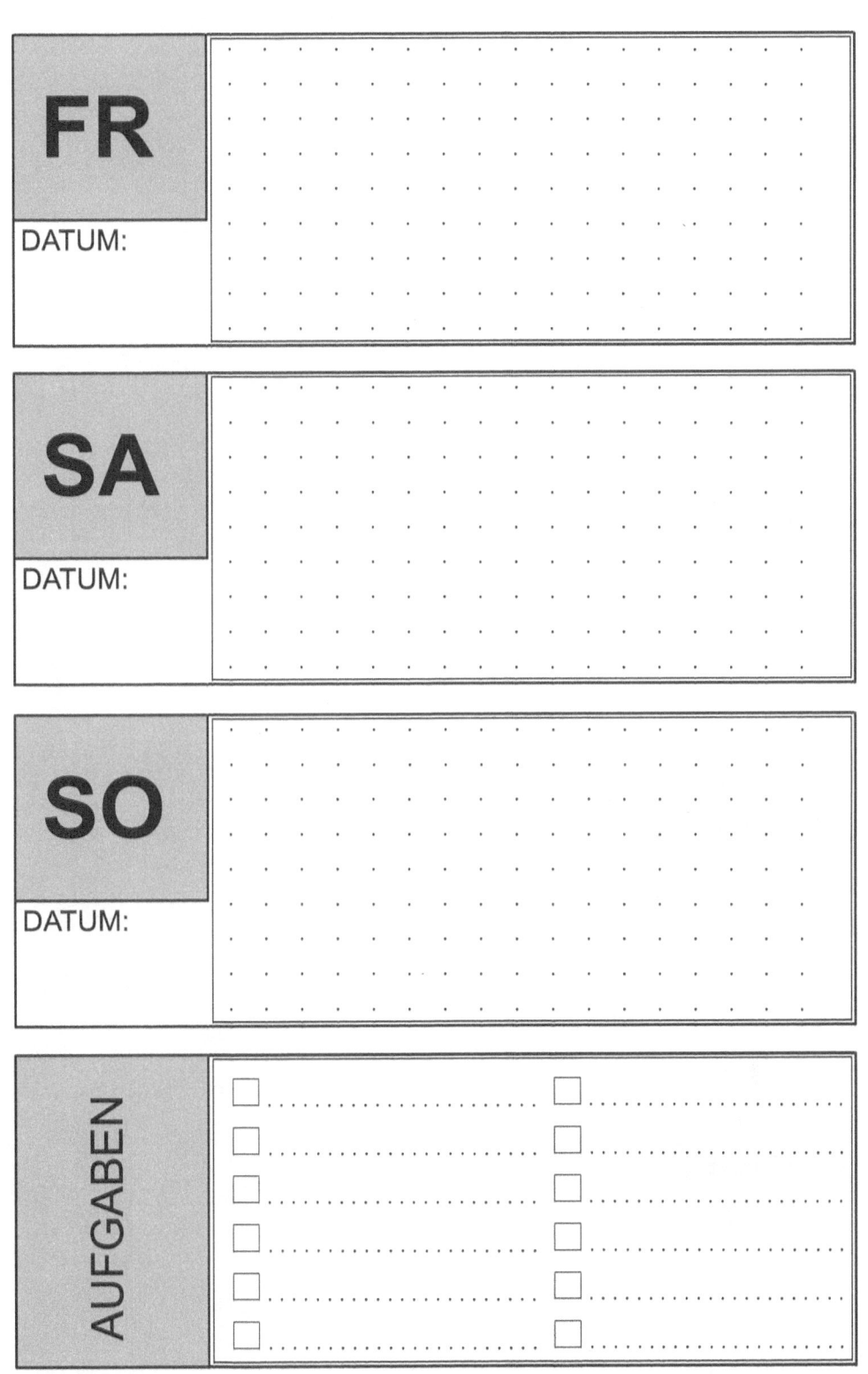

FR

DATUM:

SA

DATUM:

SO

DATUM:

AUFGABEN

MO

DATUM:

DI

DATUM:

MI

DATUM:

DO

DATUM:

FR

DATUM:

SA

DATUM:

SO

DATUM:

AUFGABEN

- ☐ .... ☐ ....
- ☐ .... ☐ ....
- ☐ .... ☐ ....
- ☐ .... ☐ ....
- ☐ .... ☐ ....
- ☐ .... ☐ ....

MO

DATUM:

DI

DATUM:

MI

DATUM:

DO

DATUM:

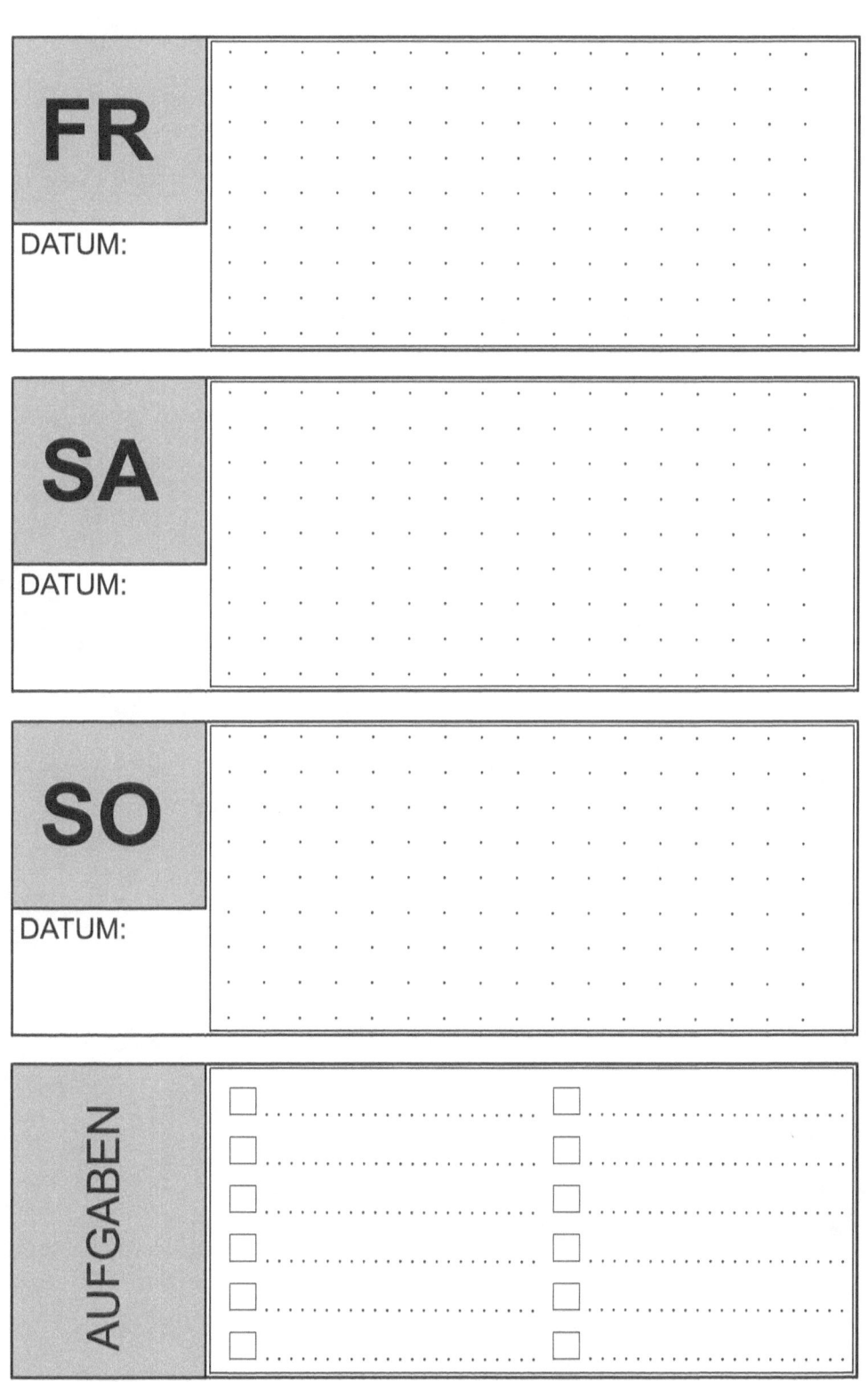

FR

DATUM:

SA

DATUM:

SO

DATUM:

AUFGABEN

- [ ] ....
- [ ] ....
- [ ] ....
- [ ] ....
- [ ] ....
- [ ] ....
- [ ] ....
- [ ] ....
- [ ] ....
- [ ] ....
- [ ] ....
- [ ] ....

MO

DATUM:

DI

DATUM:

MI

DATUM:

DO

DATUM:

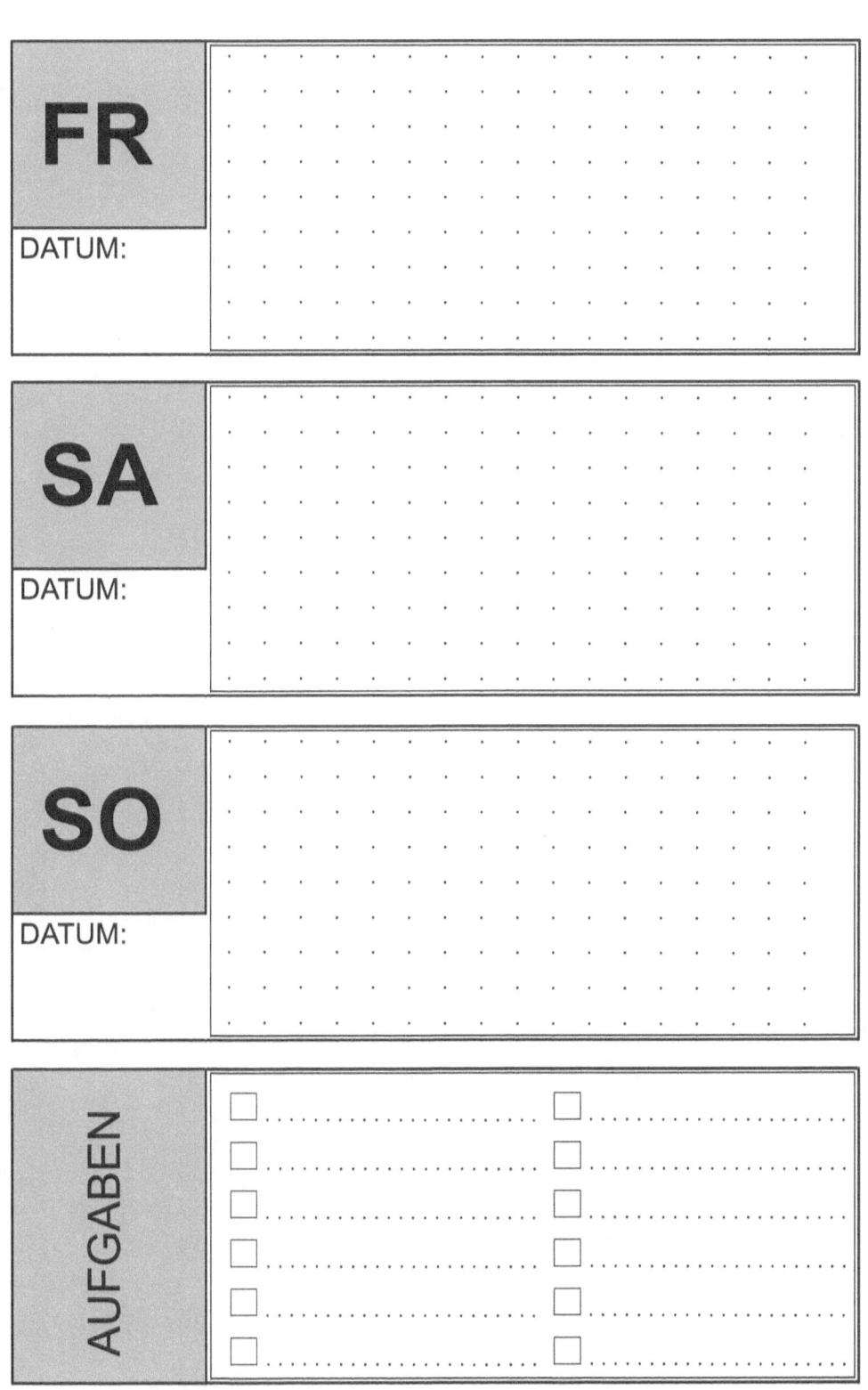

FR

DATUM:

SA

DATUM:

SO

DATUM:

AUFGABEN

www.ingramcontent.com/pod-product-compliance
Lightning Source LLC
Chambersburg PA
CBHW030711220526
45463CB00005B/2004